W0088481

Doris Brenner
Frank Brenner
Assessment-
Center

book@web

Doris **Brenner**
Frank **Brenner**

Assessment-
Center

Grundlagen, Übungen und Ablauf eines ACs

GABAL

Bibliografische Information der Deutschen Nationalbibliothek

Die Deutsche Nationalbibliothek verzeichnet diese Publikation in der Deutschen Nationalbibliografie; detaillierte bibliografische Daten sind im Internet über http://dnb.d-nb.de abrufbar.

ISBN 978-3-86936-248-9

Projektmanagement:
Ute Flockenhaus, Fischerhude
Lektorat:
Dr. Reiner Gosmann, Soest (www.learning-concepts.de)
Umschlaggestaltung:
Martin Zech Design (www.martinzech.de)
Umschlagfoto:
Yuri Arcurs/shutterstock.com
Art Direction, Design und Satz:
KOEMMET Agentur für Kommunikation, Wuppertal (www.koemmet.com)
Druck und Bindung:
Salzland Druck, Staßfurt

4., überarbeitete Auflage 2011
© 2005 GABAL Verlag GmbH, Offenbach
Alle Rechte vorbehalten.
Vervielfältigung, auch auszugsweise, nur mit schriftlicher Genehmigung des Verlages.

www.gabal-verlag.de
Abonnieren Sie unseren Newsletter unter:
newsletter@gabal-verlag.de

book@**web** – More success for you!

In der Reihe **book@web** erscheinen junge Karriereratgeber zu aktuellen Businessthemen mit eigener Internetanbindung.

Zu jedem **book@web**-Buch gibt es unter **www.book-at-web.de** einen kostenlosen Workshop, in dem Sie Ihr Wissen aktiv trainieren können.

Ihr Buchschlüssel für den **book@web**-Workshop lautet: **Postkorb**

b@**w** Dieses Signet kennzeichnet auf den folgenden Buchseiten die Workshop-Themen im Internet.

Wir freuen uns auf Sie und wünschen Ihnen viel Erfolg!

Ihr **book@web**-Team

Liebe Leserinnen und Leser,

Sie stehen kurz davor, an einem Assessment-Center teilzunehmen?

… dann herzlich willkommen! Mit diesem Buch wollen wir Ihnen eine praxisorientierte Hilfestellung zur erfolgreichen Bewältigung eines Assessment-Centers geben. Anhand von konkreten Aufgabenstellungen können Sie sich ein realistisches Bild davon verschaffen, was in einem Assessment-Center auf Sie zukommen wird. Zwar ist jedes Assessment-Center individuell gestaltet, aber die in diesem Buch beschriebenen Grundprinzipien werden Sie in der einen oder anderen Form immer wieder antreffen.

Ob als Berufseinsteiger oder als erfahrener Mitarbeiter, Sie werden in Ihrer Berufslaufbahn zunehmend mit Assessment-Centern in Berührung kommen. Dieser Ratgeber hilft Ihnen, sich mit den Inhalten, aber auch den Fallstricken und Risiken eines Assessment-Centers vertraut zu machen. Dabei steht der Praxisbezug ganz oben an, was sich insbesondere durch viele Tipps und konkrete Anregungen zeigt.

Um erfolgreich ein Assessment-Center bestehen zu können, bedarf es zunächst eines soliden Wissens über die Zielsetzung und die Grundmuster der einzelnen Übungen. Wir möchten Sie hinter die Kulissen des Assessment-Centers führen und Ihnen auch aus der Sicht der Unternehmen den Assessment-Center-Prozess deutlich machen. Diese Kenntnisse werden Ihnen helfen, Zusammenhänge zu verstehen und eine positive Einstellung zu dem Verfahren zu entwickeln. Angst und Unsicherheit sind die Feinde des Erfolgs.

Es ist noch kein Meister vom Himmel gefallen. Dies gilt auch für die Bewältigung eines Assessment-Centers. Aber nach der Lektüre und Bearbeitung dieses Ratgebers werden Sie mit viel mehr Ruhe und Gelassenheit in das Assessment-Center gehen können und damit die Grundlage für eine erfolgreiche Teilnahme legen.

Wir wünschen Ihnen nun eine spannende Lektüre und viel Spaß bei der Bearbeitung der Übungen, die durch einen ausführlichen Workshop im Internet ergänzt werden.

Der Vollständigkeit halber sei hier noch darauf hingewiesen, dass wir aus Gründen der leichteren Lesbarkeit in diesem Buch nur die männliche Anrede/Schreibweise gewählt haben. Selbstverständlich sprechen wir mit diesem Buch aber auch in gleichem Maße Leserinnen an.

Über Anregungen und Fragen per E-Mail freuen wir uns.

Ihre

Doris und Frank Brenner

doris.brenner@t-online.de
www.karriereabc.de

Für den schnellen Leser

► Dieses Buch gibt Ihnen einen Überblick über Assessment-Center und bereitet Sie anhand konkreter Übungen auf das Assessment-Center vor. Die nachfolgende Übersicht soll Ihnen helfen, die wichtigsten Übungen schnell auffinden zu können.

Was sind Assessment-Center? 012

Das Assessment-Center ist ein Verfahren, bei dem die Beobachtung und Bewertung des Verhaltens einer Testperson im Rahmen einzelner Übungen vorgenommen wird.

Postkorbübung 035

Die Bewerber schlüpfen in die Rolle eines Mitarbeiters, der eine Vielzahl von Vorgängen in seinem Posteingangskorb vorfindet. Die Aufgabe besteht darin, unter Zeitdruck die Vorgänge zu bearbeiten, Terminkonflikte zu erkennen und Entscheidungen zu treffen.

Präsentation/Einzelvortrag 038

Bei dieser Übung sind die Bewerber aufgefordert, zu einem frei gewählten oder vorgegebenen Thema einen Vortrag zu halten.

Testverfahren 050

Bei den Testverfahren kommen im Rahmen des Assessment-Centers insbesondere Berufs- und Leistungstests sowie Intelligenz- und Persönlichkeitstests zum Einsatz.

Einzelinterview 059

Das klassische Einzelinterview ist in nahezu allen Assessment-Centern fester Bestandteil. Es bietet sowohl den Unternehmensvertretern als auch den Kandidaten die Möglichkeit, individuelle Fragen zu klären und offene Punkte zu diskutieren.

Gruppendiskussion **081**

Ein in der Regel vorgegebenes Thema ist von den Teilnehmern zu diskutieren. Bei einer führungslosen Gruppendiskussion ist im Vorfeld kein Diskussionsleiter oder Moderator benannt.

Gruppenarbeit **089**

Bei der Gruppenarbeit steht die Fähigkeit, im Team eine Aufgabenstellung zu lösen, im Mittelpunkt.

Fallstudie **093**

Den Bewerbern wird eine Aufgabenstellung vorgegeben, die es möglichst schnell zu erfassen gilt, Risiken sind zu erkennen und Lösungswege zu erarbeiten. Oftmals wird die Fallstudie als Ausgangssituation für eine Präsentation oder Gruppendiskussion verwendet.

Rollenspiel **104**

Bei dieser Übungsform wird den Bewerbern ein bestimmtes Szenario vorgegeben. Sie sind aufgefordert, entsprechend der Rollenvorgabe zu argumentieren und bestimmte Interessen zu vertreten.

► Was sind Assessment-Center?

//Was bedeutet der Begriff?

Der Begriff Assessment-Center stammt wie so viele Fachbegriffe aus dem Englischen. Er setzt sich zusammen aus dem Wort »to assess«, das übersetzt »feststellen«, »bewerten« oder »einschätzen« heißt, und dem Wort »Center«, das »Zentrum« oder »Mitte« bedeutet. Das Assessment-Center ist ein Verfahren, bei dem diese Feststellung und Bewertung von Verhalten im Rahmen einzelner Übungen vorgenommen wird, wobei die Testpersonen im Mittelpunkt der Beobachtung stehen.

Das Assessment-Center setzt sich aus einzelnen Übungen zusammen, bei denen die Kandidaten in Situationen versetzt werden, die für die angestrebte berufliche Position typisch sind. Aus dem gezeigten Verhalten in den Übungen ziehen die Beobachter Rückschlüsse auf das zukünftige Verhalten der Testperson. Es hat sich gezeigt, dass die Treffsicherheit auf der Grundlage von Assessment-Center-Ergebnissen deutlich höher ist als bei einem einfachen Vorstellungsgespräch. Deshalb sind Unternehmen bereit, den recht hohen Aufwand an Zeit und Geld, den ein Assessment-Center verursacht, auf sich zu nehmen.

//Hier wird Ihr Verhalten beobachtet

Assessment-Center werden auch als Gruppenauswahlverfahren bezeichnet. Denn üblicherweise nehmen acht bis zwölf Kandidaten an dem Verfahren teil. Ihnen stehen vier bis sechs Beobachter, sogenannte Assessoren, gegenüber. Ein Assessment-Center dauert in den meisten Fällen zwischen einem und drei Tagen. Dies ist eine recht lange Zeit und die Teilnahme stellt ziemlich hohe Anforderungen an die Konzentrationsfähigkeit und Belastbarkeit der Kandidaten. Aber keine Sorge: Zwischen den einzelnen Übungen gibt es immer wieder Pausen und befragt man Teilnehmer am Ende der Veranstaltung, sagen die meisten, dass die Zeit wie im Fluge vergangen ist.

Die Assessment-Center-Methode hebt sich insbesondere durch ihren verhaltensbezogenen Ansatz von den reinen Testverfahren ab. Das heißt, man beobachtet Menschen, wie sie etwas tun. Dennoch werden die anderen Testverfahren häufig in ein Assessment-Center ergänzend mit einbezogen.

//Geschichte des Assessment-Centers

Das Verfahren der Assessment-Center ist eigentlich schon recht alt und hat eine weite Reise von Europa über die USA hinter sich, bis es seit Mitte der 70er Jahre auch in Deutschland verstärkt zum Einsatz kommt. Die Ursprünge liegen bereits in den Jahren Ende des Ersten Weltkriegs und der Weimarer Republik. Vorläufer der heutigen Assessment-Centers, insbesondere führerlose Gruppendiskussionen und situationsbezogene Verhaltensübungen, wurden damals zur Offiziersauswahl der deutschen Streitkräfte eingesetzt. Der erste Einsatz in der Wirtschaft erfolgte in den 50er Jahren. Die amerikanische Telefongesellschaft AT&T führte im Rahmen einer Langzeituntersuchung eine Bewertung von Führungsnachwuchskräften durch. Aufgrund der sehr guten Vorhersagequalität konnte die Methode mehr und mehr Anhänger gewinnen und ist heute insbesondere bei Groß- und Mittelbetrieben bei der Personalauswahl und -entwicklung nicht mehr wegzudenken.

Zielsetzung und Ansatzpunkte

► Ein Assessment-Center hat das Ziel, zuverlässig und objektiv die zu erwartende Leistungsfähigkeit und Leistungsbereitschaft eines Kandidaten vorherzusagen. Aus Sicht des Bewerbers stellt sich die Situation eines Unternehmens zunächst recht einfach dar. Es kann meist unter zahlreichen Bewerbern auswählen und ist damit in der besseren Position. Fragt man jedoch einmal Unternehmensvertreter, wie sie den Auswahlprozess sehen, so wird sehr schnell deutlich, dass es gar nicht so leicht ist, den oder die »Richtige« für eine bestimmte Stelle zu finden.

//Bewerbungsunterlagen sagen nicht alles

Der erste Schritt im Rahmen eines Personalauswahlprozesses ist die Sichtung der Bewerbungsunterlagen. Diese geben in der Regel nur Auskunft über vergangenheitsbezogene Daten. Die Lebensläufe sind meistens chronologisch aufgebaut und insbesondere bei jüngeren Bewerbern wenig aussagefähig, da außer den Schulabschlüssen noch keine »Erfolge« vorzuweisen sind. Werden Kandidaten dann zu einem Vorstellungsgespräch eingeladen, ergibt sich zwar ein persönlicher Eindruck im Gespräch, dieser ist jedoch auf einen recht kurzen Zeitraum – in der Regel maximal eine Stunde – beschränkt. Aussagen über das mögliche Verhalten in berufstypischen Praxissituationen basieren nur auf (oft subjektiven) Einschätzungen. So kann ein Bewerber mit treuen blauen Augen behaupten, dass er sehr teamfähig und kooperativ sei, ohne dass der Unternehmensvertreter auch nur eine Chance hat zu überprüfen, ob dies in der Realität auch tatsächlich der Fall ist.

//Sozialverhalten und Persönlichkeitsmerkmale rücken in den Vordergrund

Um dieses Problem in den Griff zu bekommen, gehen mehr und mehr Unternehmen dazu über, Personalentscheidungen durch Verhaltensbeobachtung in praxisrelevanten Situationen zu untermauern. Dazu werden praktische Übungen eingesetzt, bei denen das Verhalten der Kandidaten konkret und in einer realitätsnahen Situation beobachtbar wird. Dieses Vorgehen macht es Personalverantwortlichen und Fachvorgesetzten wesentlich leichter, ihre Personalentscheidung auf eine nachvollziehbare Basis zu stellen.

Sozialverhalten und Persönlichkeitsmerkmale wie sprachliches Ausdrucksvermögen und Entscheidungsfreude stehen bei der Methode gegenüber fachlichem Wissen klar im Vordergrund. Dies wird bei den meisten Assessment-Centern auch ganz bewusst so gestaltet. Fachwissen lässt sich anhand von Zeugnissen und Berufsabschlüssen meist recht gut einschätzen. Viel schwieriger ist es, Anforderungskriterien aus dem Verhaltensbereich zu beurteilen. Und genau hier setzt die Assessment-Center-Methode an. Durch diese Verbreiterung der Informationsbasis soll eine möglichst hohe Passgenauigkeit zwischen den Anforderungsmerkmalen einer Stelle und dem Leistungsprofil eines Bewerbers erzielt werden.

//Vorteile für beide Seiten

Auch Personalentscheider stehen unter einem hohen Druck. Geht man von einer Verweildauer eines Mitarbeiters im Unternehmen von rund fünf Jahren und einem Jahresgehalt von rund 30.000 Euro aus, beträgt die »Investitionssumme« inklusive Lohnnebenkosten leicht eine Viertelmillion Euro. Wird der falsche Mitarbeiter eingestellt oder in eine verantwortungsvollere Position befördert, kann das sehr weit reichende Folgen für das Unternehmen haben. Daher ist es leicht nachvollziehbar, warum Unternehmen alles daran setzen, hier keine Fehler zu machen. Aber auch aus Sicht des Bewerbers bietet das Assessment-Center Vorteile. Die Vielschichtigkeit des Verfahrens, mit mehreren Beobachtern und einer Vielzahl von Übungen, erhöht die Objektivität des Auswahl- und Beurteilungsprozesses und trägt damit auch zu einer höheren Nachvollziehbarkeit der Ergebnisse bei. Der Bewerber ist damit nicht mehr auf Gedeih und Verderb auf das Urteil eines Gesprächspartners angewiesen, sondern hat die Chance, durch mehrere Unternehmensvertreter fair beurteilt zu werden.

Wo kommen Assessment-Center zum Einsatz?

► Assessment-Center werden besonders häufig bei der Auswahl von Hochschulabsolventen und Führungsnachwuchskräften eingesetzt. In den letzten Jahren hat sich aber der Einsatzbereich deutlich erweitert. Vermehrt müssen sich Ausbildungsplatz-Sucher, insbesondere Abiturienten, die sich auf spezielle Ausbildungsprogramme bewerben, einem Assessment-Center unterziehen.

//Assessment-Center sind nicht nur für Anfänger

Aber auch wer bereits in einem Unternehmen Fuß gefasst hat, wird im Laufe seines weiteren Berufslebens wohl kaum an einem Assessment-Center vorbeikommen, möchte er sich beruflich weiterentwickeln und eine Position mit mehr Verantwortung übernehmen. Denn auch im Rahmen der so genannten Personalentwicklung, also der innerbetrieblichen Förderung von Mitarbeitern, haben sich Assessment-Center fest etabliert. Es gibt bereits zahlreiche Unternehmen, die eine Beförderung bzw. Versetzung von der Teilnahme und den Ergebnissen eines Assessment-Centers abhängig machen und dies auch in Betriebsvereinbarungen, die zwischen Unternehmensleitung und Betriebsrat abgeschlossen werden, verbindlich vereinbart haben.

In den letzten Jahren ergibt sich aufgrund zunehmender Unternehmensfusionen und Firmenübernahmen die Notwendigkeit, Mitarbeiter aus den neu hinzugekommenen Unternehmen im Hinblick auf ihre weiteren Einsatzmöglichkeiten im neuen Konzern zu bewerten. Das Assessment-Center findet auch hier seinen Einsatz. Assessment-Center dienen aber zunehmend auch dazu, im Rahmen der individuellen Karriereberatung Hilfestellungen zu geben: Sie können als wichtiges Instrument bei der Verhaltensbeurteilung und der Ermittlung von Weiterbildungsbedarf verwendet werden. Wer z.B. bei Gruppendiskussionen nie zu Wort kommt, sollte im Hinblick auf seine weitere berufliche Entwicklung etwas für sein Kommunikationsverhalten tun und z.B. einen Rhetorikkurs besuchen.

Nachfolgend nochmals zusammengefasst die Einsatzfelder des Assessment-Centers.

Einsatzfeld	Zielgruppe
Personalauswahl	Schulabgänger (insbesondere Abiturienten) Hochschulabsolventen Führungskräfte
Personalentwicklung	Kandidaten für Förderkreise, bei denen anhand einer Potentialanalyse festgestellt werden soll, ob eine Führungs- oder Fachlaufbahn stärker ins Auge zu fassen ist. Kandidaten, die im Rahmen der Laufbahnplanung Hinweise bezüglich des individuellen Trainingsbedarfs erhalten sollen.
Karriereberatung	Personen, die ein Stärken-Schwächen-Profil sowie eine Potentialanalyse erstellt haben möchten und damit Hinweise für die weitere berufliche Orientierung erhalten.

► Entwicklung, Umsetzung und Elemente eines Assessment-Centers

//Der Blick hinter die Kulissen

Wer erfolgreich ein Assessment-Center bestehen will, sollte sich auch darüber informieren, wie sich die Unternehmen darauf vorbereiten. Dieses Hintergrundwissen erhöht das Verständnis für Zusammenhänge und schärft den Blick, worauf Unternehmen bei einem Assessment-Center Wert legen.

Wie bereits angesprochen, stellen Assessment-Center eine sehr zeitaufwendige und teure Methode zur Personalauswahl und -entwicklung für Unternehmen dar. Damit diese Investition nicht in den Sand gesetzt wird, bedarf es einer sehr intensiven Planung und professionellen Realisierung des Assessment-Centers, denn jedes Verfahren ist nur so gut wie seine konkrete Umsetzung in die Praxis.

Am Anfang steht das Anforderungsprofil

► Am Anfang eines jeden Assessment-Centers steht die Festlegung einer klaren Zielsetzung, was mit dem Verfahren erreicht werden soll. Dies kann zum Beispiel sein:

- Einstellung eines Marketingmanagers
- Einstellung von fünf Hochschulabsolventen für ein Traineeprogramm
- Ermittlung von Kandidaten für einen Förderkreis mit zukünftigen Projektleitern

Jetzt beginnt die eigentliche Aufgabe, nämlich die Definition, was von dem Mitarbeiter bzw. den Mitarbeitern erwartet wird. Der Schlüsselbegriff heißt hier Anforderungsprofil. Damit wird festgelegt, was der zukünftige Stelleninhaber können muss, damit er der Aufgabe gerecht wird. Für Sie als Teilnehmer ist es von entscheidender Bedeutung, möglichst genau das Anforderungsprofil zu kennen. Bewerben Sie sich extern auf eine Position, ist meistens die Stellenanzeige die wichtigste Unterlage, um relevante Informationen zu erhalten. Aber auch Imagebroschüren oder die Homepage des Unternehmens im Internet können wichtige Hinweise geben, welche allgemeinen Erwartungen an zukünftige Mitarbeiter gestellt werden.

Tipp: Rufen Sie im Vorfeld des Assessment-Centers ruhig bei dem Unternehmen an, sofern Ihnen noch wichtige Aspekte des Anforderungsprofils der Stelle unklar sind. Besser, als das Gespräch mit der Personalabteilung zu führen, ist es, direkt mit dem Fachbereich, der die Stelle zu besetzen hat, zu sprechen. Sie sollten sich in der Vorbereitung des Telefonats konkrete Fragen notiert haben, um einen professionellen Eindruck zu machen.

Sind Sie bereits im Unternehmen und bewerben sich intern auf eine Position, ist es meist einfacher, eine klare Vorstellung über das Anforderungsprofil der Stelle zu erhalten. Gespräche mit Kollegen und potenziellen Vorgesetzten können hier wichtige Erkenntnisse bringen.

Ein Beispiel für das Anforderungsprofil eines Marketingmanagers

- Aufgabe: Verantwortung für den Bereich Marketing; Entwicklung eines Marketing-Mix von verkaufsunterstützenden und verkaufsfördernden Maßnahmen mit den Elementen Marktanalyse, Benchmarking, Preispolitik, Produktservice, Messegestaltung.
- Einstufung: berichtet als Mitglied des Führungskreises an den Geschäftsführer Vertrieb.
- Personalverantwortung: 5 Mitarbeiter.
- Budgetverantwortung: 6 Mio. Euro.
- Fachliche Anforderungen: Studium der Betriebswirtschaft mit Schwerpunkt Vertrieb/Marketing, sehr gute technische Kenntnisse.
- Persönliche Anforderungen: strategisches Denken, Kreativität, ausgeprägte kommunikative Fähigkeiten, Führungserfahrung, Teamfähigkeit, Stressresistenz, Entscheidungsfreudigkeit und ein sicheres Auftreten.

Auf der Grundlage des Anforderungsprofils kann nun seitens des Unternehmens die weitere Planung erfolgen. Diese umfasst die

- inhaltliche Planung, z.B. Auswahl, Konzeption und Zusammenstellung der Übungen, sowie
- die organisatorische Planung, z.B. Dauer, Veranstaltungsort, Anzahl der Teilnehmer, Zeitplan.

Inhaltliche Konzeption

► Bei der inhaltlichen Konzeption geht es um die sinnvolle Zusammenstellung der Übungen. Häufig sind die Vorgaben, was die zeitliche und kostenmäßige Gestaltung des Assessment-Centers betrifft, sehr knapp bemessen. Dies hat direkten Einfluss auf die inhaltliche Konzeption, da z.B. in zwei Tagen keine zehn Übungen durchgeführt werden können. Es muss deshalb immer ein Kompromiss zwischen der Zielsetzung einer hohen Aussagefähigkeit und dem, was zeitlich und kostenmäßig machbar ist, getroffen werden. In der Regel werden Übungen, die alleine bearbeitet werden müssen (Einzelübungen), mit Aufgaben, die gemeinsam mit anderen zu bewältigen sind (Partner- oder Gruppenübungen), gemischt. Auf der Grundlage des Anforderungsprofils werden typische Aufgabenstellungen gewählt und daraus eine Übung formuliert.

Griffen die Unternehmen in der Vergangenheit verstärkt auf standardisierte Übungen zurück, werden heute mehr und mehr Aufgabenstellungen verwendet, die sich konkret auf das Unternehmen und seine Produkte beziehen. Dies soll den Realitätsbezug erhöhen und damit auch im Hinblick auf das Anforderungsprofil eine höhere Aussagesicherheit gewährleisten.

Für die Lösung der Übungen sind klare Verhaltenserwartungen zu definieren, d. h., es muss festgelegt werden, welche Verhaltenskriterien wie z. B. Durchsetzungsvermögen oder Kommunikationsfähigkeit in der jeweiligen Übung beobachtet werden sollen und welches Verhalten dabei positiv zu beurteilen ist. Dies wiederum muss sich in den Beurteilungsformularen der einzelnen Übungen wieder finden. Es wird immer wieder empfohlen, dass die Assessoren die Übungen selbst einmal als Kandidaten durchgeführt haben sollten, um ein Gefühl für die Schwierigkeiten der einzelnen Übungen zu bekommen. Dies ist aber in der Realität leider nur selten der Fall.

> **Tipp:** Machen Sie sich mit dem Unternehmen und dessen Produkten im Vorfeld des Assessment-Centers gut vertraut. Dieses Wissen wird Ihnen bei der Bewältigung der Aufgaben sehr helfen.

Organisatorische Planung

► Die organisatorische Planung stellt viele Unternehmen vor Probleme, da der Ablaufplan so gestaltet sein muss, dass für die Kandidaten keine unendlichen Wartezeiten entstehen. Zwölf Kandidaten und sechs Assessoren über zwei Tage auf drei oder vier Räume zu verplanen, ist auch gar nicht so einfach. Hinzu kommt eine sinnvolle Raumplanung, die möglichst kurze Wege gewährleistet. So mancher hochrote Kopf ist dabei zu beobachten, man könnte fast meinen, dass die Planung auch eine Art Assessment-Center-Übung für die Mitarbeiter aus den Personalabteilungen darstellt.

Aufgrund der aufgezeigten kritischen Punkte und Schwierigkeiten entscheiden sich viele Firmen dafür, die Konzeption und Umsetzung eines Assessment-Centers an eine Beratungsfirma zu übertragen. Seien Sie deshalb als Bewerber nicht überrascht, wenn nicht nur Mitarbeiter des Unternehmens, sondern auch externe Vertreter als Assessoren oder Moderatoren bei der Veranstaltung anwesend sind.

Nachfolgend ein Beispiel für den Ablaufplan eines Assessment-Centers, das im Rahmen der Personalentwicklung mit Mitarbeitern des Unternehmens durchgeführt werden soll.

Ablaufplan für ein Assessment-Center

1. Tag	13.00 Uhr	Einweisung der Assessoren
	15.00 Uhr	Begrüßung der Teilnehmer
		Vorstellung der Assessoren
		Erläuterung der Zielsetzung des Assessment-Centers
	16.00 Uhr	Übung Gruppendiskussion
	16.30 Uhr	Übung Postkorb mit Präsentation
	18.00 Uhr	Übung Rollenspiel
	19.00 Uhr	Abendessen und geselliger Ausklang

2.Tag	08.30 Uhr	Präsentationsübung
	09.30 Uhr	Mitarbeitergespräch
	10.30 Uhr	Kaffeepause
	10.45 Uhr	Testverfahren
	12.00 Uhr	Mittagessen
	13.30 Uhr	Einzelgespräche
	15.30 Uhr	Kaffeepause
	15.45 Uhr	Beobachterkonferenz
	18.00 Uhr	Feedback-Gespräche mit den Teilnehmern

Aus diesem Gesamtablaufplan wird in der Regel ein individueller Plan je Teilnehmer und Assessor erstellt, aus dem die genauen Uhrzeiten und Räumlichkeiten hervorgehen. Um einen effizienten Ablauf ohne lange Wartezeiten für die Kandidaten zu gewährleisten, werden einige Übungen auch zeitversetzt durchgeführt. Dies bedeutet, dass ein Kandidat eine Einzelübung durchführt, während andere Teilnehmer bereits eine Gruppenübung absolvieren. Bei der Ablaufplanung wird von den Organisatoren zudem darauf geachtet, dass ein Assessor jeden Kandidaten zumindest in zwei Übungen beobachten konnte. Ein ganz schön gedrängtes Programm für jeden der Kandidaten! Aber gerade diese Belastungsprobe ist ein wichtiges Element im Rahmen des Assessment-Centers.

> **Tipp:** Es ist sehr wichtig, ausgeruht und ohne Hetze zu einem Assessment-Center zu gehen. Nutzen Sie Leerzeiten und kleinere Pausen, um sich zu entspannen und neue Energie zu tanken.

Geht es um das Thema gemeinsame Mahlzeiten sowie geselliges Beisammensein, existieren wahre Horrorgeschichten. Da ist von Hummern die Rede, die den Kandidaten serviert werden, nur um zu sehen, ob diese sachgemäß damit zurechtkommen, oder auch von Kameras, die in Warteräumen installiert sind, um die Kandidaten in scheinbar unbeobachteten Situationen näher unter die Lupe zu nehmen. Derlei Spielchen gehören eher in den Bereich der Legende. Wahr ist jedoch, dass auch die Mahlzeiten und die informellen Gespräche beim Bier abends an der Theke von den Assessoren dazu genutzt werden, um ihren Eindruck von den Kandidaten zu ergänzen. Deshalb achten die meisten Unternehmen auf eine gemischte Tischordnung von Assessoren und Kandidaten.

Schulung der Assessoren

► Ein Assessment-Center steht und fällt mit den Beurteilern. Da die Assessoren in der Regel ein bis zwei Hierarchiestufen über den Kandidaten angesiedelt sein sollten, ist es für die Personalabteilung häufig gar nicht so einfach, diese Führungskräfte für den Zeitraum des Assessment-Centers gewinnen zu können, was sich häufig in sehr langen Vorlaufzeiten für ein Assessment-Center widerspiegelt.

Die Assessoren sollten so zusammengesetzt sein, dass sowohl Vertreter aus dem Fachbereich, für den das Assessment-Center durchgeführt wird, als auch Mitarbeiter des Personalwesens und anderer Fachbereiche vertreten sind.

//Hier heißt es: erst beobachten, dann bewerten!

Zusätzlich einzuplanen in den Ablauf ist eine Unterweisung der Assessoren im Vorfeld des Assessment-Centers. Dabei sollen die Beurteiler mit den Übungen vertraut gemacht und auf einen möglichst gemeinsamen Standard für die Bewertung »eingeschworen« werden. Eine Grundregel des Assessment-Centers lautet: Zunächst nur beobachten, dann erst bewerten. Das heißt, die Assessoren sollten bemüht sein, zunächst die gezeigten Verhaltensweisen einfach wahrzunehmen und dann erst im Anschluss, anhand der Bewertungsskala, eine Beurteilung vorzunehmen. Dies geschieht mit dem Ziel, die Objektivität der Beurteilung zu erhöhen.

Die Auswahl der Kandidaten

► Der Blick hinter die Kulissen, den wir in diesem Kapitel gemacht haben, soll Ihnen ein besseres Verständnis dafür vermitteln, was alles im Vorfeld eines Assessment-Centers von den Unternehmen geleistet werden muss. Sie als Kandidat bekommen von den Vorbereitungen nur den Part der Kandidatenansprache mit. Das Unternehmen muss zunächst eine Vorauswahl der in Frage kommenden Teilnehmer vornehmen.

Geht es um die externe Personalauswahl, erfolgt dies vorwiegend über die Sichtung von Bewerbungsunterlagen. Bei der (internen) Personalentwicklung gehen der Teilnahme am Assessment-Center meist Beurteilungen durch die Vorgesetzten und Gespräche mit der Führungskraft oder der Personalabteilung voraus.

Insbesondere in größeren Unternehmen ist das Assessment-Center nur ein Mosaiksteinchen im Rahmen eines umfassenden Personalentwicklungskonzepts. Dies kann bedeuten, dass die Teilnahme am Assessment-Center Voraussetzung dafür ist, um überhaupt eine ausgeschriebene Führungsaufgabe übernehmen zu können. In anderen Unternehmen wird das Assessment-Center dazu eingesetzt, um solche Mitarbeiter für einen Förderkreis auszuwählen, die mittelfristig mehr Verantwortung übernehmen sollen.

> **Tipp:** Informieren Sie sich über die bestehenden Personalentwicklungskonzepte in Ihrem Unternehmen. Klären Sie, welche Bedeutung die Teilnahme an einem Assessment-Center hat und welche Konsequenzen damit verbunden sind.

Werden Sie zu einem Assessment-Center eingeladen, sollte die
Einladung entsprechende Informationen über den Ablauf der
Veranstaltung beinhalten. Bereits die Form der Einladung ist für Sie
als Teilnehmer ein Merkmal, wie es um die Qualität der Vorbereitungen durch das Unternehmen bestellt ist. Einige Unternehmen
weisen in der Einladung ausdrücklich darauf hin, dass für die
Veranstaltung Freizeitkleidung vorgesehen ist. Sofern diese Angabe
nicht gemacht ist, sollten Sie in üblicher Geschäftskleidung am
Assessment-Center teilnehmen.

Allgemeine Verhaltenstipps

► Wir werden Ihnen im weiteren Verlauf des Buches noch gezielte
Tipps und Hinweise zum Verhalten in den einzelnen Übungen des
Assessment-Centers geben. Darüber hinaus gibt es Hinweise, die
für das gesamte Assessment-Center gelten und die wir hier aufgeli-
stet haben.

//Checkliste: Verhaltenstipps

- Seien Sie sich bewusst, dass Ihr Verhalten auch außerhalb der Übun-
gen beobachtet wird.
- Halten Sie sich mit Alkoholkonsum zurück.
- Nutzen Sie kleine Pausen zur Regeneration.
- Gehen Sie offen und freundlich auf andere Teilnehmer und die
Assessoren zu.
- Achten Sie auf gute Tischmanieren beim Essen.
- Überlegen Sie sich, was Sie an persönlichen Informationen preisge-
ben wollen.
- Versuchen Sie, eine positive Lebenseinstellung und Optimismus aus-
zustrahlen.

- Nutzen Sie die Gelegenheit, Ihrerseits Informationen aus den informellen Gesprächen während der Mahlzeiten oder am Abend zu gewinnen.
- Versuchen Sie, sich die Namen der Assessoren und anderen Teilnehmer zu merken und diese auch mit Namen anzusprechen.
- Sehen Sie die Veranstaltung als Chance, neue Erkenntnisse über sich selbst zu erhalten.

Die Elemente des Assessment-Centers

//Das kommt auf Sie zu

► Assessment-Center setzen sich aus einer Vielzahl von Übungen zusammen, die je nach Anforderungsprofil der Stelle und Zeitrahmen zum Einsatz kommen. Folgende Bausteine sind üblich:

Einzelübungen	Partnerübungen	Gruppenübungen
Postkorb	Konfliktgespräch	Gruppendiskussion
Präsentation/Einzelvortrag	Pro-und-Kontra-Diskussion	Gruppenarbeit
Organisationsaufgabe		Fallstudie
		Rollenspiel
Berufs- und Leistungstests*		
Intelligenztests*		
Persönlichkeitstests*		
Einzelinterview*		

* ergänzende Elemente in Assessment-Centern

Im Wesentlichen lassen sich die Übungen in drei Kategorien einteilen:

01. Einzelübungen: Bei diesem Aufgabentyp geht es darum, auf sich alleine gestellt Aufgaben zu bewältigen. Dies kann entweder in schriftlicher Form sein oder auch als Einzelpräsentation vor einer Gruppe von Zuhörern. Den Einzelübungen haben wir auch die ergänzenden Elemente des Assessment-Centers zugeordnet. Hierunter versteht man alle Aufgabenstellungen, die neben den klassischen Übungen in das Assessment-Center integriert werden. In der Regel ist hier immer ein Einzelinterview anzutreffen. Teilweise werden aber auch Intelligenz- und Leistungstests sowie ein Persönlichkeitstest eingesetzt.

02. Partnerübungen: Hier steht der Dialog im Vordergrund, z.B. die Fähigkeit, Konflikte im Zweiergespräch zu lösen oder auch im Rahmen von Verkaufsgesprächen einen Gesprächspartner zu überzeugen.

03. Gruppenübungen: Die Fähigkeit, sich im Rahmen eines Teams zu behaupten und konstruktiv in der Gruppe zu arbeiten, gewinnt zunehmend an Bedeutung. Gruppenübungen haben zum Ziel, das Kandidatenverhalten unter diesem Aspekt zu beleuchten.

Nachfolgend werden einige der gängigsten Assessment-Center-Elemente kurz beschrieben, bevor sie in den folgenden Kapiteln ausführlicher anhand von Beispielen erläutert werden.

//Einzelübungen

Postkorb: Die Bewerber schlüpfen in die Rolle eines Mitarbeiters, der eine Vielzahl von Vorgängen in seinem Posteingangskorb vorfindet. Die Aufgabe besteht darin, unter Zeitdruck die Vorgänge zu bearbeiten, Terminkonflikte zu erkennen und Entscheidungen zu treffen.

Wesentliche Beurteilungskriterien sind: Konzentrationsfähigkeit, Belastbarkeit, systematische Arbeitsweise, Problemerkennung und Problemanalyse, Entscheidungsfreude, Risikoverhalten.

Präsentation/Einzelvortrag: Bei dieser Übung sind die Bewerber aufgefordert, zu einem entweder frei gewählten oder vorgegebenen Thema einen Vortrag zu halten. Steht beim Einzelvortrag eher der inhaltliche Aspekt im Vordergrund, wird bei der Präsentation die Art und Weise, wie etwas vorgestellt wird, stärker Schwerpunkt der Beurteilung sein.

Wesentliche Beurteilungskriterien sind: Logisches Denken, Problemerkennung, Urteilsvermögen, Kommunikationsverhalten, Überzeugungskraft, Durchsetzungsvermögen, Kompromissbereitschaft, inhaltliche Strukturierung und Zielgruppenorientierung.

Organisationsaufgabe: Die Aufgabenstellung ist hierbei meist so angelegt, dass die Kandidaten unter Berücksichtigung bestimmter Rahmendaten einen möglichst optimierten Lösungsweg finden sollen. Dabei kann es sich zum Beispiel um eine Routenplanung, eine Zimmerplanung oder die Wahl des günstigsten Verkehrsmittels handeln.

Wesentliche Beurteilungskriterien sind: Problemerkennung und -analyse, Belastbarkeit, systematische Arbeitsweise, Kreativität, Arbeitstempo, Arbeitssorgfalt.

//Ergänzende Elemente in Assessment-Centern

Testverfahren: Die voranstehenden Einzelübungen werden teilweise
durch verschiedene Testverfahren ergänzt. Die folgende Übersicht
zeigt, welche Verfahren am häufigsten eingesetzt werden.

Intelligenztests	Berufs- und Leistungstests	Persönlichkeitstests
Sprachliche Intelligenz Zahlenlogische Intelligenz Räumliche Intelligenz Kombinationsfähigkeit	Wissenstests Konzentrationstests Fertigkeitstests	Fragebogentests Verhaltenstests

Intelligenztests: Unter diesem Oberbegriff finden Sie Aufgaben,
die Ihre Stärken und Schwächen in Bezug auf einzelne Intelligenzfaktoren wie Sprachgefühl, logisches Denken oder räumliches
Vorstellungsvermögen ermitteln sollen. Diese werden dann dem
Anforderungsprofil des angestrebten Berufes gegenübergestellt.

Berufs- und Leistungstests: Dazu werden Wissenstests eingesetzt,
die Ihre Allgemeinbildung sowie Ihre fachlichen Kenntnisse prüfen.
Damit wird die Eignung eines Bewerbers für ein bestimmtes Berufs-
feld getestet. Fertigkeitstests prüfen vorwiegend die Geschicklichkeit
und das handwerkliche Können. In der Gruppe der Leistungs- bzw.
Konzentrationstests geht es in erster Linie um das Arbeitsverhalten
unter Zeitdruck. Die Aufgaben sind an sich von ihrem Inhalt her
ganz einfach, Sie werden allerdings aufgrund der Menge ganz schön
ins Schwitzen kommen!

   Wesentliche Beurteilungskriterien sind: Belastbarkeit, Konzentrationsfähigkeit, Stressresistenz sowie die Veränderung der Leistung im Zeitverlauf.

Persönlichkeitstests: Mit ihnen soll mehr über das Wesen und die Persönlichkeitsmerkmale einer Person in Erfahrung gebracht werden. Die Tests werden vorwiegend in Form von Fragebogentests durchgeführt, bei denen die Kandidaten eine große Zahl von Fragen zu ihren Vorlieben und Neigungen beantworten sollen. Ferner kommen Verhaltenstests zum Einsatz, die anhand von vorgestellten Situationen die mögliche Reaktion des Kandidaten abfragen.

Wesentliche Beurteilungskriterien sind: Antriebskraft, Ausdauer, Zuverlässigkeit, Belastbarkeit, Selbstsicherheit und Willensstärke.

Einzelinterview: Das klassische Einzelinterview ist in nahezu allen Assessment-Centern fester Bestandteil. Es bietet sowohl den Unternehmensvertretern als auch den Kandidaten die Möglichkeit, individuelle Fragen zu klären und offene Punkte zu diskutieren. Für die Einzelinterviews gelten im Grunde die gleichen Regeln wie bei Vorstellungsgesprächen. Ferner werden Einzelinterviews teilweise dazu genutzt, um von den Bewerbern eine Einschätzung über andere Kandidaten zu erhalten. Wesentliche Beurteilungskriterien sind: Motivation, Leistungsbereitschaft, Integrationsfähigkeit, Potential für die Übernahme weiterer Aufgaben.

//Partnerübungen

Für die Partnerübungen werden in der Regel die beiden im Folgenden beschriebenen Elemente eingesetzt.

Konfliktgespräch: Bei dieser Dialogübung soll das Konfliktverhalten der Testkandidaten näher beleuchtet werden. Konfliktgespräche werden häufig auch in Form von Rollenspielen, z.B. Verkäufer-Käufer-Situation, durchgeführt.

Wesentliche Beurteilungskriterien sind: Kommunikationsverhalten, Kompromissfähigkeit, Durchsetzungsvermögen, Einfühlungsvermögen, Überzeugungsfähigkeit.

Pro-und-Kontra-Diskussion: Bei dieser Zweierdiskussion geht es im Wesentlichen darum, den eigenen Standpunkt klar und nachvollziehbar zu vertreten, dabei aber auch die Interessen des Gegenübers in die eigene Argumentation mit einzubeziehen. In der Regel handelt es sich um vorgegebene Themen, zu denen die beiden Kandidaten sich in zeitlich limitierten Statements äußern sollen.

Wesentliche Beurteilungskriterien sind: Kommunikationsverhalten, Durchsetzungsvermögen, Stressresistenz, Einfühlungsvermögen.

//Gruppenübungen

Gruppendiskussion: Eine klassische Übung eines jeden Assessment-Centers stellt die Gruppendiskussion dar. Vier bis sechs Teilnehmer diskutieren ein in der Regel vorgegebenes Thema. Teilweise werden die Teilnehmer auch aufgefordert, sich auf ein Thema zu einigen. Gruppendiskussionen werden vorwiegend als so genannte führerlose Diskussionen durchgeführt, das heißt, im Vorfeld wird nicht die Rolle eines Diskussionsleiters vergeben. Die Teilnehmer haben sich demnach selbst zu organisieren.

Wesentliche Beurteilungskriterien sind: Initiative, Kommunikationsverhalten, Überzeugungskraft, Akzeptanz, Kooperationsfähigkeit, Einfühlungsvermögen und emotionale Stabilität.

Gruppenarbeit: Bei der Gruppenarbeit steht die Fähigkeit im Mittelpunkt, im Team eine Aufgabenstellung zu lösen. Dabei steht die konkrete Projektdurchführung im Mittelpunkt. Häufig handelt es sich auch um »handwerkliche« Übungen, bei denen die Gruppe aus zur Verfügung gestellten Hilfsmitteln etwas bauen muss.

Wesentliche Beurteilungskriterien sind: Teamfähigkeit, Durchsetzungsvermögen, Kreativität, Kommunikationsfähigkeit, Integrationsverhalten, Initiative und Organisationsverhalten.

Fallstudien: Bei dieser Übungsform wird den Kandidaten ein bestimmtes Szenario vorgegeben. Dieses stellt sehr häufig eine reale Aufgabenstellung aus dem angestrebten beruflichen Umfeld dar, um den Realitätsbezug zu erhöhen. Es gilt, den Sachverhalt möglichst schnell zu erfassen, Risiken zu erkennen und Lösungswege zu erarbeiten. Fallstudien werden am häufigsten in Gruppen durchgeführt, teilweise stellen sie aber auch eine Einzelübung dar.

Wesentliche Beurteilungskriterien sind: Logisches Denken, Problemerkennung und -analyse, Urteilsvermögen, Kommunikationsverhalten, Überzeugungskraft, Durchsetzungsvermögen und Kompromissbereitschaft.

Rollenspiel: Die eigenen Interessen in einem größeren Kreis von Konkurrenten zu vertreten, ist wesentliches Element der Rollenspiele. Es werden im Vorfeld fest definierte Rollenanweisungen verteilt, die als Ausgangssituation dienen. Die jeweilige Rollenanweisung enthält in der Regel auch eine klare Zielsetzung für den einzelnen Kandidaten, die im Rahmen der Übung angestrebt werden soll, und spezifische Informationen, die seine Mitstreiter nicht kennen.

Wesentliche Beurteilungskriterien sind: Kommunikationsverhalten, Durchsetzungsvermögen, emotionale Stabilität, Konfliktfähigkeit, Zielorientierung, geistige Flexibilität, Einfühlungsvermögen, Kreativität, Überzeugungskraft und Kompromissbereitschaft.

//Praktische Übungen und Tipps für eine erfolgreiche Teilnahme

In den folgenden Kapiteln werden die verschiedenen Elemente, aus denen sich ein Assessment-Center zusammensetzt, detailliert vorgestellt. Zu jedem Element gibt es Tipps, Checklisten und praktische Übungen, so dass Sie sich gezielt auf ein Assessment-Center vorbereiten können.

► Einzelübungen

Postkorbübung

► Die Postkorbübung gilt als eine der klassischen Einzelübungen in Assessment-Centern. Insbesondere bei Veranstaltungen, die länger als nur einen Tag dauern, ist die Wahrscheinlichkeit hoch, mit dieser Übung konfrontiert zu werden.

Postkorbübungen stellen hohe Anforderungen an Ihre Belastbarkeit und Ihr Analyse- und Urteilsvermögen. Die Ihnen in dem Posteingangskorb vorliegenden Schriftstücke und Vorgänge sind innerhalb eines sehr eng bemessenen Zeitrahmens zu bearbeiten. Dabei sind Zusammenhänge zwischen den einzelnen Vorgängen zu erkennen, Prioritäten zu setzen und letztendlich alle Schriftstücke abzuarbeiten. Dies kann bedeuten, dass Sie einen von Ihnen als unwichtig eingestuften Vorgang einfach in den Papierkorb werfen oder ggf. in die Ablage geben und einen als nicht dringlich eingestuften Vorgang auf Wiedervorlage legen. Weitere Möglichkeiten der Bearbeitung sind: delegieren, entsprechende Entscheidungen treffen, weitere Informationen anfordern, Termine vereinbaren lassen oder selbst den Vorgang bearbeiten.Nachfolgend noch einige Tipps zur Vorgehensweise bei der Bearbeitung von Postkorbübungen.

//Checkliste: Postkorbübung

● Lesen Sie zunächst alle Informationen einmal durch und verschaffen Sie sich einen Überblick.
● Versetzen Sie sich in die in der Aufgabenstellung angegebene Position und beurteilen Sie die Vorgänge aus dieser Perspektive.

- Entscheiden Sie, welche Vorgänge wichtig bzw. unwichtig sind.
- Analysieren Sie, welche Vorgänge miteinander im Zusammenhang stehen.
- Stellen Sie fest, welche Vorgänge dringlich/weniger dringlich sind.
- Bearbeiten Sie Vorgänge, die wichtig und dringlich sind, mit der höchsten Priorität. Vorgänge, die dringlich, aber nicht besonders wichtig sind, sollten Sie delegieren.
- Personalangelegenheiten (Beurteilungsgespräche, Jubilarehrung, Vorstellungsgespräche) sollten in der Regel nicht delegiert werden, sondern sind von Ihnen als Führungskraft persönlich zu bearbeiten.
- Überlegen Sie bei jedem Vorgang, welche Konsequenzen sich ergeben können und welche Auswirkung Ihre Vorgehensweise auf andere Vorgänge hat.
- Achten Sie insbesondere auf Terminüberschneidungen und entscheiden Sie nach Priorität, was Vorrang hat.
- Räumen Sie in der Regel beruflichen Vorgängen eine höhere Priorität gegenüber Privatangelegenheiten ein. Dies gilt nicht für wirklich dringende persönliche Dinge wie z.B. schwerer Unfall des Ehepartners oder Kind in Lebensgefahr.
- Erstellen Sie sich selbst – sofern nicht im Postkorb enthalten – einen Terminkalender, in dem Sie sich alle Termine eintragen, um Überschneidungen zu visualisieren.
- Verplanen Sie nicht Ihre gesamte Arbeitszeit mit Terminen und Besprechungen. Als Faustregel gilt: Maximal 50 % der Arbeitszeit verplanen, sonst haben Sie keinen Aktionsspielraum mehr für plötzlich eintretende wichtige Ereignisse.
- Fixieren Sie Ihre Vorgehensweise schriftlich, d.h., notieren Sie, welche Vorgänge miteinander im Zusammenhang stehen, und schreiben Sie getroffene Entscheidungen auf.
- Die Postkorbübung wird in erster Linie anhand Ihrer schriftlichen Notizen ausgewertet. Das heißt, nur was Sie aufschreiben, gilt als erkannt bzw. bearbeitet. Achten Sie auf eine einigermaßen leserliche Schrift, die Beurteiler werden Ihnen dies danken.

Jetzt sind Sie an der Reihe   b@w

► Es ist an der Zeit, dass Sie selbst aktiv werden. Dazu haben wir eine Postkorbübung vorbereitet, die Sie bearbeiten sollen. Alle Unterlagen, die Sie für die Postkorbübung brauchen, finden Sie im Internet-Workshop zu diesem Buch als PDF-Datei. Laden Sie diese auf Ihren Rechner und drucken Sie die Unterlagen aus. Zur Bearbeitung der Übung haben Sie 30 Minuten Zeit.

Anschließend sollten Sie mit Hilfe der Hinweise zur Bearbeitung, die Sie ebenfalls als PDF-Datei im Workshop finden, Ihre Entscheidungen zu den einzelnen Postkorbübungen bewerten.

Wie sind Sie mit der Übung zurechtgekommen? Haben Sie die wesentlichen Zusammenhänge erkannt und entsprechende Entscheidungen getroffen? Oder haben Sie sich hoffnungslos »verzettelt«?

//Üben hilft

Die beste Vorbereitung auf eine Postkorbübung besteht ganz einfach darin, sie einmal gemacht zu haben. Das haben Sie hiermit getan, somit ist Ihnen die Aufgabenstellung nicht mehr fremd und Sie können gelassener einer solchen Übung entgegenschauen.

Teilweise wird an die schriftliche Bearbeitung des Postkorbs noch eine Befragung seitens der Assessoren angehängt, bei der Sie Ihre Vorgehensweise erläutern sollen und einzelne Entscheidungen dann auch hinterfragt werden. Hier sollten Sie Ihre Entscheidungen sachlich und überzeugend vertreten.

> **Tipp:** Lassen Sie sich nicht durch vermeintlich kritische Fragen aus der Ruhe bringen. Häufig möchten die Gesprächspartner einfach nur sehen, wie sicher und überzeugt Sie von Ihren Entscheidungen sind und wie Sie auf Zweifel reagieren. Wichtig ist in jedem Fall, dass Sie Ihre Entscheidungen begründen können.

In einzelnen Fällen wurden die Kandidaten auch während der schriftlichen Bearbeitung des Postkorbs von den Assessoren beobachtet. Hier möchte man sehen, wie systematisch Sie an die Bearbeitung herangehen, ob Sie hektisch in allen Blättern wühlen oder ruhig und konzentriert die Vorgänge bearbeiten.

Präsentation/Einzelvortrag

► Eine Präsentation oder ein Einzelvortrag sind sehr häufig als erste Aufgabe in einem Assessment-Center anzutreffen. Das gegenseitige Kennenlernen wird dazu genutzt, um bereits eine erste Übung zu gestalten.

//Übung: Selbstpräsentation

Sie sollen sich den anderen Teilnehmern in einer 5-minütigen Präsentation vorstellen. Dazu haben Sie 10 Minuten als Vorbereitungszeit zur Verfügung.

Mit dieser sehr allgemein gehaltenen Übungsanweisung wird Ihnen der volle Gestaltungsspielraum, sowohl was die Präsentationsform als auch den Inhalt betrifft, eingeräumt. Leider schöpft die Mehrzahl der Kandidaten diesen Spielraum nicht aus.

Hierzu ein kurzes Beispiel:

Beispiel 1: »*Ich heiße Andreas Hartung, bin 29 Jahre und habe gerade mein Studium der Ingenieurwissenschaften an der Fachhochschule in Wiesbaden abgeschlossen. In bin in Hamburg geboren und habe dort auch meine gesamte Jugend verbracht. Aufgrund meiner guten Noten in Mathematik und Physik war die Entscheidung für ein technisch/naturwissenschaftliches Studium recht schnell getroffen. Ich habe nach dem*

Grundstudium die Fachrichtung physikalische Technik gewählt. Mein Diplomarbeitsthema lautete: Computerunterstützte Messungen zur Optimierung einer Solar-Wasserstoff-Anlage. (Kurze Pause) Ja, mehr gibt es eigentlich im Moment nicht zu sagen.«

Analyse: Herr Hartung beschränkt sich darauf, rein sachlich seinen Lebenslauf vorzutragen. Er bezieht nur Informationen über Schule bzw. Studium ein und gibt so gut wie nichts von sich als Person preis. Er begrüßt weder die Zuhörer, noch setzt er irgendwelche Medien wie z.B. ein Flip-Chart ein. Die zur Verfügung stehende Zeit nützt er nicht aus und versucht auch nicht, auf der emotionalen Ebene eine Beziehung zu den Zuhörern herzustellen. Im Hinblick auf Kreativität und Kommunikationsfähigkeit kann er mit solch einer Darstellung keine Lorbeeren ernten.

Zum Vergleich ein zweites Beispiel:

Beispiel 2: *»Erst mal guten Tag, ich habe mich über die Einladung gefreut, die nächsten zwei Tage hier verbringen zu können und viel Neues kennen zu lernen. Ich heiße Sebastian Schwarz, (schreibt seinen Namen auf das Flip-Chart). Wenn ich mich im Kreise der Assessment-Center-Teilnehmer so umsehe, liege ich mit meinen 27 Jahren wohl ganz gut im Mittel. Warum habe ich mich auf das Traineeprogramm beworben und bin hierher gekommen? Mir hat ganz einfach das Anforderungsprofil der Nachwuchskräfte gefallen, die in der Stellenanzeige gesucht wurden. Persönlichkeiten, die gerne Verantwortung übernehmen, im Team Erfolge erzielen wollen und bereit sind, ein international orientiertes Unternehmen mitzugestalten, das hat sehr gut auf mich gepasst. Mit meinem gerade abgeschlossenen Ingenieurstudium und den zahlreichen Praxiskontakten, die ich immer wieder bewusst gesucht habe, fühle ich mich gut gerüstet für meinen Berufsstart. Gerade das Eintauchen in die Praxis hat mir immer wieder gezeigt, wie wichtig es ist, sich gerade auch als Ingenieur mit betriebswirtschaftlichen Themen vertraut zu machen. Denn schließlich will ich Zusammenhänge verstehen und mich mit Kollegen aus den unterschiedlichen Bereichen in Projek-*

ten verständigen können. Die Chance, Auslandserfahrung zu sammeln, hatte ich schon sehr früh. Mit meinen Eltern zog ich mit sechs Jahren nach Washington, D.C., da mein Vater dort an einem einjährigen Austauschprogramm teilnahm. Ich muss gestehen, es war damals für so einen kleinen Kerl nicht leicht, sich in einer amerikanischen Schule ohne ein Wort Englisch zurechtzufinden. Aber nach ein paar Wochen verstand ich mehr und mehr und es machte langsam Spaß, das neue Umfeld zu erkunden und Neues zu entdecken. Am Ende des Jahres wäre ich dann sogar sehr gerne dort geblieben. Diese Erfahrung hat mich sicher sehr geprägt und ich habe während des Studiums immer wieder Möglichkeiten gesucht, um im Ausland neue Eindrücke zu gewinnen und mit Menschen unterschiedlicher Kulturen in Kontakt zu kommen. Besonders während meines Praktikums in Japan wurde mir hautnah bewusst, wie kulturelle Unterschiede auch Einfluss auf die Arbeitsprozesse und die Zusammenarbeit haben können. Die Mitarbeiter unserer Abteilung gingen nach der Arbeit nicht einfach nach Hause, sondern trafen sich anschließend, tranken etwas zusammen und pflegten die Gemeinschaft. Jeder war stolz, wenn er durch Verbesserungsvorschläge die Leistung der Abteilung steigern konnte. Ich lernte dabei, dass es sehr unterschiedliche Ansätze geben kann, um ein bestimmtes Ziel zu erreichen, und ich bin deshalb bemüht, mir unvoreingenommen und mit einer positiven Einstellung andere Vorgehensweisen anzusehen.

Neben dem Interesse für andere Länder und Kulturen ist meine zweite Leidenschaft der Sport. Ich bin begeisterter Segler und habe noch für unseren bevorstehenden Törn in der Ostsee einen Platz an Bord zu vergeben. Wer also Lust hat, kann mich gerne mal darauf ansprechen.

Ach, was ich fast vergessen hätte, ich koche und esse leidenschaftlich gern, was man mir zum Glück noch nicht ansieht. Besonders schwärme ich für mexikanische Spezialitäten.

Ich bin nun gespannt, was die nächsten zwei Tage so mit sich bringen werden, und hoffe, viel über das Unternehmen, die beruflichen Möglichkeiten und natürlich auch die anderen Teilnehmer zu erfahren. Vielleicht werden einige von uns sich schon bald als Kollegen wieder begegnen?«

Analyse: Sebastian Schwarz wählt einen ganz anderen Einstieg, um sich vorzustellen. Im Vordergrund steht nicht die chronologische Aufzählung von Daten, sondern seine Persönlichkeit, seine Erfahrungen und Erwartungen. Er erzählt über seine Freizeitaktivitäten und persönlichen Eindrücke, die die Zuhörer auch emotional ansprechen, und schafft auch einen direkten Bezug zur aktuellen Situation. Der Medieneinsatz könnte noch gesteigert werden, indem z.B. die verschiedenen Interessen und Schwerpunkte graphisch in einem Schaubild dargestellt werden.

Die beiden Beispiele zeigen, wie unterschiedlich eine solche Selbstpräsentation erfolgen kann. Die Kandidaten sind Berufsstarter und können deshalb nur bedingt über berufliche Erfolge berichten.

> **Tipp:** Sofern Sie über entsprechende Berufserfahrung verfügen, sollte diese in den Mittelpunkt der Selbstpräsentation rücken und anhand von konkreten Beispielen aus Ihrer beruflichen Praxis Erfolge und Fähigkeiten herausstellen.

Es gleicht oft einer Gratwanderung, den richtigen Ton zwischen Überheblichkeit und Arroganz auf der einen und »Graue-Maus-Image« auf der anderen Seite zu treffen. Mit Ende dreißig werden Sie sich auch einer etwas gesetzteren Sprache bedienen als ein Hochschulabsolvent im Kreise von Gleichaltrigen. Aber auch dabei dürfen Sie nicht außer Acht lassen, dass nicht die anderen Teilnehmer, sondern die Assessoren Ihre Präsentation beurteilen werden. Orientieren Sie sich deshalb an deren Bedürfnissen, die sich in der Frage zusammenfassen lassen: »Können wir uns diesen Kandidaten auf der angestrebten Zielposition vorstellen?«

Teilweise werden in der Aufgabenstellung bestimmte Stichpunkte vorgegeben, die in der Präsentation enthalten sein sollten. Greifen Sie diese Stichpunkte in jedem Fall auf und versuchen Sie, einen roten Faden durch Ihre Präsentation zu ziehen. Da Sie im Assessment-Center auf jeden Fall mit einer Selbstpräsentation rechnen müssen, empfiehlt es sich, im Vorfeld einige Überlegungen dazu anzustellen.

//Checkliste: Vorbereitung auf die Selbstpräsentation

- Ich habe inhaltliche Elemente identifiziert, die ich in die Selbstpräsentation aufnehmen möchte, z.B. berufliche Etappen, Studium, Ausbildung, Erfolge, Kenntnisse, Erfahrungen.
- Ich kann Beispiele nennen, die zur Veranschaulichung dienen.
- Ich habe wichtige Eigenschaften wie z.b. Ausdauer, Initiative, Teamgeist herausgearbeitet, die mir im Hinblick auf die angestrebte Position hilfreich sind.
- Die Eigenschaften kann ich anhand von Beispielsituationen belegen.
- Ich habe eine klare Struktur, wie ich die Selbstpräsentation aufbauen will.
- Durch die Selbstpräsentation zieht sich ein roter Faden.
- Ich spreche meine Zielgruppe auch emotional, durch persönliche Angaben an.
- Ich achte auf ein gutes Zeitmanagement, um die Zeitvorgabe auszuschöpfen, ohne zu überziehen.
- Ich nutze vorhandene Medien wie Flip-Chart zur Visualisierung.

> **Tipp**: Die gute Vorbereitung sollte aber nicht so weit gehen, dass Sie vorbereitete Folien mitbringen, die Sie nur noch auflegen müssen! Varianten der Selbstpräsentation können sein, dass Sie sich z.B. ein Tier aussuchen sollen, dessen Eigenschaften zu Ihnen passen, oder Sie sollen einen Gegenstand auswählen, der für Sie eine wichtige Bedeutung hat.

Neben der Selbstpräsentation werden Sie im Assessment-Center häufig auch aufgefordert, in Form eines Einzelvortrags ein bestimmtes Thema zu präsentieren.

//Übung: Einzelvortrag

Präsentieren Sie eine Aufgabenstellung, die Sie kürzlich bearbeitet haben, bzw. ein Projekt, an dem Sie beteiligt waren. Ihnen stehen 20 Minuten Vorbereitungszeit zur Verfügung. Der Vortrag sollte 10 Minuten nicht überschreiten.

Wenn Sie sich nicht im Vorfeld bereits Gedanken über ein mögliches Thema und dessen Darstellung gemacht haben, wird die zur Verfügung gestellte Vorbereitungszeit sehr knapp werden. Überlegen Sie sich deshalb bereits vor dem Assessment-Center mögliche Themen.

Ganz gleich, ob es sich um ein Thema aus Ihrer Berufspraxis oder die Diplomarbeit handelt, die bei Hochschulabsolventen sehr häufig als Gegenstand des Einzelvortrags gewählt wird, richten Sie auf jeden Fall die Präsentation an den Bedürfnissen und Kenntnissen Ihrer Zielgruppe aus. Häufig wird der Fehler gemacht, komplizierte Zusammenhänge zu fachspezifisch und zu detailliert darzustellen. Das ist für die Zuhörer weder verständlich noch interessant. Wem es dagegen gelingt, in einer verständlichen Sprache die wesentlichen Aspekte der Aufgabenstellung sowie die Ergebnisse zu präsentieren und seine Ausführungen graphisch zu veranschaulichen, wird immer Pluspunkte sammeln.

Ein mögliches Gliederungsschema für Ihren Einzelvortrag kann wie folgt aussehen:

- Aufgabenstellung/Zielsetzung
- Beschreibung der Ausgangssituation
- Eigene Vorgehensweise/Maßnahmen
- Schwierigkeiten und wie sie überwunden wurden
- Ergebnis/Zielerreichung
- Möglicher Zusatznutzen, der sich aus den Ergebnissen ziehen lässt

Es muss sicherlich nicht besonders betont werden, wie wichtig es ist, bei der Auswahl des Themas darauf zu achten, dass Sie ein positives Arbeitsergebnis darstellen können bzw. das angestrebte Ziel erreicht haben. Denn die Schlussfolgerung der Assessoren wird sein, dass Sie auch zukünftige Aufgaben erfolgreich meistern werden.

Nachfolgend ein Beispiel für einen Beurteilungsbogen, wie er in der Praxis zum Einsatz kommt.

b@w

Beurteilungsbogen Einzelpräsentation:

Teilnehmer: _____   Beobachter: _____

Beurteilungskriterien	Leistungsverhalten				
	++	+	+/-	-	- -
Analytisches Denkvermögen					
Strukturierter Aufbau					
Darstellungsverhalten					
Sprachlicher Ausdruck					
Auftreten					
Gesamteindruck					

Stärken: _____

Schwächen: _____

//Die Produktpräsentation

Insbesondere bei Bewerbungen um Positionen im Marketing oder Vertrieb werden Sie als Kandidat häufig mit einer Übung konfrontiert, bei der es darum geht, ein Produkt vor einer definierten Zielgruppe zu präsentieren. Hierzu erhalten Sie in der Regel umfassendes Informationsmaterial, das Sie – teilweise bereits am Vorabend der Präsentation – durcharbeiten müssen. Für den einen oder anderen Kandidaten ist die Nacht sehr kurz geworden, weil sie sich zu intensiv mit den Unterlagen und ihren geplanten Ausführungen beschäftigt haben.

Geht es darum, ein Produkt zu »verkaufen«, ist im ersten Schritt der Vorbereitung zunächst zu überlegen, wer der definierte Adressatenkreis ist. Welche Erwartungen werden von der Zielgruppe an das Produkt gestellt? Es macht einen Unterschied, ob Sie z.B. vor wenigen ausgewählten Großhändlern sprechen oder Ihr Produkt einer großen Zahl von Endverbrauchern präsentieren.

Im zweiten Schritt sollten Sie sich mit dem Produkt beschäftigen und dessen Nutzenvorteile auch in Bezug auf Wettbewerbsprodukte feststellen. Wo liegt der so genannte USP (unique selling proposition), also der einzigartige Produktvorteil gegenüber dem Wettbewerb? Welchen Zusatznutzen, z.B. Image, Lebensgefühl, kann das Produkt dem Kunden bieten?

Hand aufs Herz: Glauben Sie im Ernst, dass Sie sich nach dem Genuss eines Bounty-Riegels wirklich wie in der Karibik fühlen? Sicherlich nicht, die Werbung suggeriert aber genau diesen Eindruck und vermittelt so einen Zusatznutzen.

Schließlich folgt die Planung und Strukturierung der Produktpräsentation. Bei der Anordnung der Argumente sollten Sie das stärkste und überzeugendste immer an den Schluss stellen, um somit dessen Wirkung zu erhöhen. Beginnen Sie den Vortrag damit, dass Sie Neugierde wecken. Dies geschieht am besten, indem Sie eine für die Zielgruppe interessante Frage aufgreifen oder über ein aktuelles Thema den Bogen zu Ihrem Produkt schlagen. Etwas

Kreativität ist hier in jedem Fall gefragt. Sofern das Produkt für die Präsentation zur Verfügung steht, empfiehlt es sich, dieses auf jeden Fall zur Veranschaulichung in die Präsentation zu integrieren. Lassen Sie die Zuhörer das Produkt anfassen, begutachten, testen und erklären Sie Produktvorteile unmittelbar am Objekt. Dies erhöht die Aufnahmebereitschaft der Zuhörer und lockert Ihren Vortrag ungemein auf.

Was bereits für die Selbstpräsentation und den Einzelvortrag gesagt wurde, kann bei der Produktpräsentation nur nochmals unterstrichen werden:

Tipp: Nutzen Sie alle verfügbaren Möglichkeiten zur Visualisierung. Eine schnell skizzierte Graphik kann in der Regel wesentlich einfacher einen Sachverhalt veranschaulichen als sprachliche Erklärungen. Überlegen Sie sich einen wirkungsvollen Abschluss der Präsentation, der in der Regel mit einem klaren Kaufappell verbunden sein sollte.

Hier nochmals graphisch die vorgeschlagene Vorgehensweise bei der Produktpräsentation.

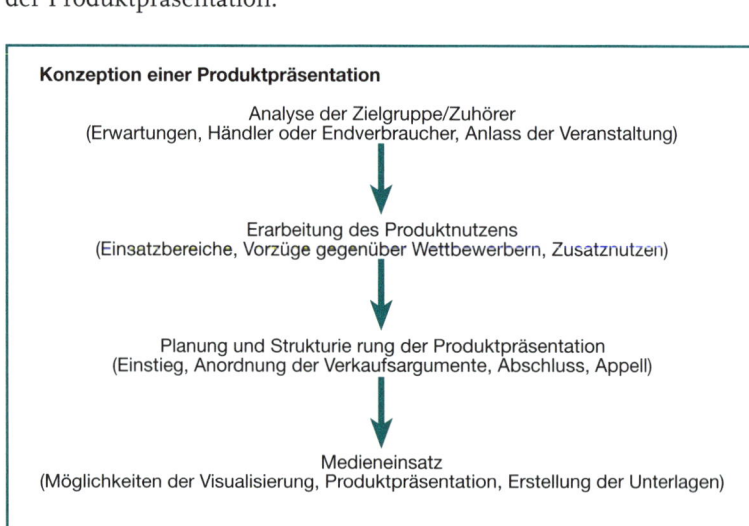

Konzeption einer Produktpräsentation

Analyse der Zielgruppe/Zuhörer
(Erwartungen, Händler oder Endverbraucher, Anlass der Veranstaltung)

Erarbeitung des Produktnutzens
(Einsatzbereiche, Vorzüge gegenüber Wettbewerbern, Zusatznutzen)

Planung und Strukturie rung der Produktpräsentation
(Einstieg, Anordnung der Verkaufsargumente, Abschluss, Appell)

Medieneinsatz
(Möglichkeiten der Visualisierung, Produktpräsentation, Erstellung der Unterlagen)

//Checkliste: Präsentations- und Vortragstechnik   b@w

- Überlegen Sie, wer Ihre Zielgruppe ist, und gestalten Sie den Vortrag im Hinblick auf deren Bedürfnisse.
- Achten Sie auf die zur Verfügung stehende Zeit.
- Halten Sie intensiven Blickkontakt mit den Zuhörern und schauen Sie bei der Beantwortung von Zwischenfragen den Fragesteller gezielt an.
- Stehen Sie ruhig vor Ihrem Publikum.
- Achten Sie auf eine unterstützende Körpersprache.
- Hände gehören nicht in die Hosentaschen, an das Revers oder auf dem Rücken verschränkt. Sie sollten locker ineinander gelegt in Bauchhöhe gehalten werden, um eine gute Ausgangsstellung für Gestikbewegungen zu haben, die das gesprochene Wort unterstreichen.
- Stehen Sie möglichst frei, das Anlehnen an Tische oder Flip-Charts engt Ihren Bewegungsspielraum ein. Vermeiden Sie auch das Hin- und Herwippen von einem Bein auf das andere.
- Wechseln Sie ab und zu Ihren Standort, diese Bewegung erhöht die Spannung beim Publikum und gibt Ihnen auch den Spielraum, um unterschiedliche Medien einzusetzen. Aber Vorsicht: Vermeiden Sie hektisches Herumrennen.
- Setzen Sie Medien wie z.B. Flip-Chart, Tageslichtprojektor oder Whiteboard – sofern verfügbar – zur Veranschaulichung ein.
- Das Herumspielen an Ringen, Halsketten oder Haaren signalisiert Unsicherheit und Nervosität und sollte bewusst vermieden werden.
- Sprechen Sie deutlich und mit angemessener Lautstärke und drehen Sie den Zuhörern nie den Rücken zu, wenn Sie gerade reden, um z.B. etwas an das Flip-Chart zu schreiben.
- Nutzen Sie die Möglichkeiten Ihrer Stimme, um durch Lautstärke, Intonation, Modulation und Sprechgeschwindigkeit Abwechslung zu schaffen und wichtige Dinge hervorheben zu können.
- Fassen Sie die wichtigsten Inhalte zusammen.

> **Tipp:** Präsentationen und Einzelvorträge lassen sich besonders gut im Vorfeld eines Assessment-Centers üben. Nutzen Sie jede Gelegenheit, um frei zu sprechen, und lassen Sie sich möglichst ein Feedback geben. Sehr hilfreich kann an dieser Stelle das Üben mit einer Videoanlage sein, damit Sie sich selbst einmal beobachten können.

b@w Organisationsaufgabe

► In Anforderungsprofilen ist viel von Organisationsgeschick die Rede. Daher wird in Assessment-Centern auch versucht, durch entsprechende Übungen Aussagen über das Organisationstalent der Kandidaten zu erhalten. Analytische Fähigkeiten sind dabei ebenso gefragt wie Kreativität. Sehr beliebt sind so genannte »Routenplanungen«, bei denen Sie den optimalen Tourenplan unter Berücksichtigung der gestellten Rahmendaten herausfinden sollen (eine Übung dazu finden Sie im Internet-Workshop). Der Zeitdruck spielt bei Organisationsaufgaben immer eine wesentliche Rolle. Nachfolgend eine Organisationsaufgabe als Beispiel.

Situation: Sie sind Leiter Marketing und Kommunikation der Digital Networks GmbH. In der Geschäftsführung wurde beschlossen, dass dieses Jahr für Kunden und Freunde des Hauses ein Sommerfest organisiert werden soll. Sie sind mit dieser Aufgabe beauftragt.

Aufgabe: Überlegen Sie sich in einer ersten Grobplanung, wie Sie vorgehen werden und was Sie alles bedenken sollten. Ihnen stehen 10 Minuten zur Verfügung.

Lösung: In Anbetracht der kurzen Zeit kann es sich nur um eine sehr grobe erste Planung handeln. Wichtig bei Ihrer Lösung ist jedoch, dass Sie zu erkennen geben, wesentliche Kernelemente identifiziert zu haben und komplexe Zusammenhänge strukturieren zu können.

Ein möglicher Plan könnte wie folgt aussehen:

- Konkreten Projektauftrag von der Geschäftsleitung einholen (Budget, Zeitrahmen, Zielsetzung).
- Projektteam zusammenstellen.
- Zeit- und Budgetplan erstellen.
- Teilprojektaufgaben definieren, z.b. Auswahl und Einladung der Gäste, Auswahl/Organisation Veranstaltungsort, Festlegung des Veranstaltungstermins, Gestaltung des Programms (Motto der Veranstaltung, Vorführungen, Tombola mit Preisen, Kinderprogramm, Catering, Firmenpräsentation, Giveaways, Dekoration).
- Netzplan erstellen, auf dem die einzelnen Aktivitäten und deren zeitliche Abhängigkeiten dargestellt sind.
- Meilensteine setzen (Termine für die Zwischenergebnisse mit Prüfung, ob Zeitplan eingehalten wird).
- Regelmäßige Meetings des Projektteams.

> **Tipp:** Verzetteln Sie sich bei derartigen Aufgaben nicht in einzelnen Details, sondern lassen Sie erkennen, dass Sie den Überblick wahren und eine Gesamtverantwortung übernehmen können.

Zwischen Organisationsaufgaben, wie wir Sie Ihnen hier vorgestellt haben, und den Fallstudien im Rahmen von Gruppenübungen (siehe Seite 093) besteht ein fließender Übergang.

Berufs- und Leistungstests   b@w

▶ Berufs- und Leistungstests finden vorwiegend Einsatz bei der Auswahl von Auszubildenden. Darüber hinaus sind sie bisweilen auch Bestandteil von Assessment-Centern, um Aussagen über fachbezogene Kenntnisse und das Arbeitsverhalten einer Testperson zu erhalten. Bei den Berufstests können z.B. Arbeitsproben gefordert werden. Insbesondere Personaldienstleistungsunternehmen, eher unter dem Namen Zeitarbeitsunternehmen bekannt, lassen ihre Bewerber Berufstests durchführen, um deren Kenntnisstand zu prüfen. Beliebt sind dabei PC- und Rechtschreibtests, wenn es um kaufmännische Positionen geht.

Beispiel: Sie bekommen einen Text vorgelegt, den Sie auf dem PC mit dem Programm MS-Word schreiben sollen. In der Vorlage sind Rechtschreibfehler eingebaut, die Sie natürlich erkennen und korrigieren sollen. Der Text enthält auch eine Statistik, die mit MS-Excel erstellt werden soll. Es sind Summen über Formeln zu bilden und aus den Zahlen eine Graphik zu entwickeln.

Wissenstests

Im technisch-gewerblichen Bereich sind, abhängig von der angestrebten Position, Berufstests in Form von Fertigkeitstests oder Wissenstests im Einsatz. Ein bekannter Fertigkeitstest ist die so genannte Drahtbiegeprobe, bei der aus einem Stück Draht z.B. eine Büroklammer oder eine Schere zu formen sind. Räumliches Vorstellungsvermögen und Fingerfertigkeit werden dabei bewertet. Wissenstests entsprechen am ehesten den aus der Schule bekannten Aufgabenstellungen und hängen in starkem Maße von der angestrebten Position ab.

Leistungstests

Bei den Leistungstests wird Ihr Arbeitsverhalten im Zeitverlauf beobachtet. Die gestellten Aufgaben sind an sich nicht schwierig, der hohe Zeitdruck bei der Bearbeitung gibt jedoch Auskunft über die Belastbarkeit und die Konzentrationsfähigkeit. Die Ergebnisse von Leistungstests lassen sich durch Üben deutlich verbessern. Halten Sie sich immer vor Augen, dass bei Leistungstests der Zeitdruck die zentrale Rolle spielt.

> **Tipp:** Die Tests sind so angelegt, dass es in der Regel nicht mög-
> lich ist, alle Aufgaben in der vorgegebenen Zeit zu lösen. Sie sollten
> deshalb nicht in Panik geraten, wenn Sie am Ende der vorgegebenen
> Zeit nicht mit der Bearbeitung fertig geworden sind.

Übungen zu Wissens- und Leistungstests finden Sie im Internet-
Workshop zu diesem Buch.

Intelligenztests

► Unter dem Oberbegriff Intelligenztests sind Aufgaben zusammengestellt, die Ihre Stärken und Schwächen in Bezug auf einzelne
Intelligenzfaktoren wie Sprachgefühl, logisches Denken oder räumliches Vorstellungsvermögen ermitteln sollen. Diese werden dann
dem Anforderungsprofil des angestrebten Berufes gegenüber- gestellt.

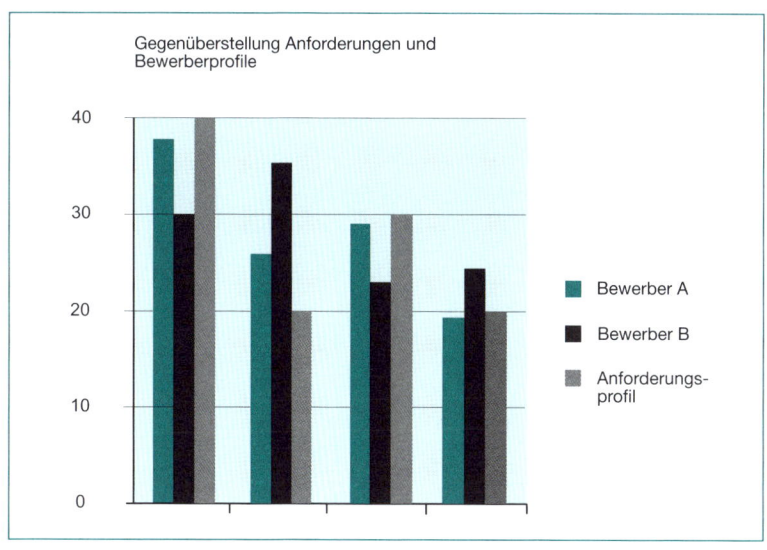

Gegenüberstellung Anforderungen und Bewerberprofile

- Bewerber A
- Bewerber B
- Anforderungs-profil

Wenn Sie sich die Graphik ansehen, so ist in allen Fällen Bewerber A mit seinen Testergebnissen näher an den Anforderungen des Berufes als Kandidat B. Deshalb eignet sich A besser für diesen Beruf als B, obwohl dieser im Durchschnitt gesehen nicht schlechter, sprich, nicht weniger intelligent ist. Er hat nur seine Leistungsschwerpunkte in anderen Bereichen als in denen, die für den Beruf notwendig sind.

Im Folgenden eine Übung, wie sie typisch für Intelligenztests ist. Die Lösungen der Aufgaben finden Sie im Anhang.

//Übung: Intelligenztest

Aufgabe 1: Vervollständigen Sie die nachfolgenden Zahlenreihen.

01. 49 45 40 34 27 ?   Lösung: _____
02. 23 30 22 28 19 24 ?   Lösung: _____
03. 464 58 14,5 7,25 7,25 ?   Lösung: _____
04. 35 420 42 50 44 176 ?   Lösung: _____
05. 1323 1425 441 285 147 57 ? Lösung: _____

Aufgabe 2: Ergänzen Sie das fehlende Wort in den Wortgleichungen.

01. verhandeln : Vertrag = lernen : ?   _____
    a) Arbeit b) Schüler c) Wissen d) Schule
02. Traktat : Abhandlung = Konvoi : ?   _____
    a) Geleitzug b) Angriff c) Versammlung d) Überzeugung
03. alles : wenig = immer : ?
    a) niemals b) oft c) keiner d) selten
04. acht : Zahl = Liebe : ?   _____
    a) zwei b) Gefühl c) Euphorie d) Hass
05. Zorn : Affekt = Trauer : ?   _____
    a) Stimmung b) Wut c) Tod d) Wehmut

Aufgabe 3: Beantworten Sie die folgenden Fragen, wobei es nur darum geht, logische Schlussfolgerungen zu ziehen. Ein Bezug zur Realität muss nicht bestehen.

01. Anton ist der Größte.

    Bomber ist so groß wie Freddy.

    Sheila ist größer als Freddy, aber kleiner als Lora.

    Cora ist größer als Bomber.

    Dennis ist kleiner als Bomber.

    Wer ist der Kleinste?

02. Fabian ist klüger als Achim.

    Dietmar ist dümmer als Adelbert.

    Dieter ist klüger als Edeltraud.

    Frank ist dümmer als Adelbert.

    Wer ist der Klügste?

03. Becken A fasst 100 Liter Wasser. Becken B ist flacher als Becken A. Becken C hat den gleichen Durchmesser wie Becken B. Becken A und B haben das gleiche Fassungsvermögen. Becken aus Acryl fassen nur 50 Liter Wasser. Becken C ist aus Acryl.

    Welche Schlussfolgerung ist richtig?

    a) Becken B hat einen größeren Durchmesser als Becken A.

    b) Becken A ist rot.

    c) Becken C hat ein größeres Fassungsvermögen als Becken B.

    d) Keine der Aussagen a) bis c) ist richtig.

04. Niemand, der braune Haare hat, mag Spinat. Australier mögen keinen Blumenkohl. Alle Australier haben braune Haare. Wer Blumenkohl mag, mag keinen Spinat. Neuseeländer haben blonde Haare. Alle Neuseeländer mögen Blumenkohl.

    Welche Schlussfolgerung ist richtig?

    a) Alle Australier mögen Spinat.

    b) Neuseeländer mögen keinen Spinat.

    c) Australier essen Spinat und Blumenkohl.

    d) Keine der Aussagen a) bis c) ist richtig.

05. Vor 10 Jahren brauchte ein Arbeiter 15 Stunden zur Herstellung einer Leiterplatte, heute braucht er mit modernen Maschinen nur noch 30 Minuten.

Welche Schlussfolgerung ist richtig?

a) Der Mensch ist fleißiger geworden.

b) Aus Angst vor Arbeitslosigkeit wächst die Leistungsbereitschaft der Arbeiter.

c) Leiterplatten haben heute eine geringere Lebensdauer.

d) Arbeiter verfügen über mehr Freizeit.

e) Moderne technische Hilfsmittel verkürzen die Herstellungszeit von Leiterplatten.

Aufgabe 4: Bei den nachfolgenden Figuren passt jeweils eine nicht in die Reihe. Finden Sie heraus, welche.

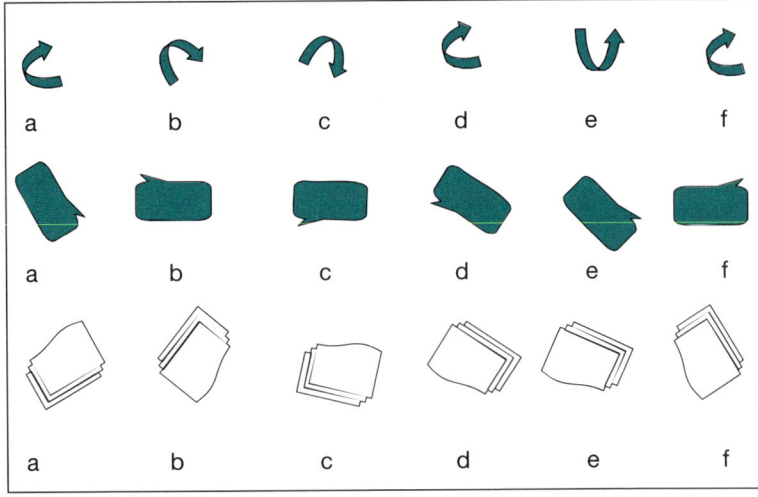

Persönlichkeitstests

▶ Wie der Name schon sagt, möchte man mit diesen Tests das Persönlichkeitsbild eines Kandidaten transparent machen. »Was ist das für ein Mensch? Welche Charakterzüge hat er?«, so lautet die Fragestellung, wenn es um derartige Tests geht. Den Arbeitgeber interessiert in diesem Zusammenhang insbesondere, wie es um die emotionale Stabilität (z.b. Ausgeglichenheit, Selbstbewusstsein, Gelassenheit, Aggressivität), soziale Intelligenz (z.b. Kontaktfähigkeit, Durchsetzungsvermögen, Anpassungsfähigkeit) und das Leistungsverhalten (z.b. Pflichtbewusstsein, Ehrgeiz, Wille zum Erfolg, Arbeitseinstellung) bestellt ist. Die Tests, mit denen diese Fragen beantwortet werden sollen, untergliedern sich im Wesentlichen in zwei Gruppen.

//Projektive Testverfahren

Zum einen gibt es so genannte »Projektive Testverfahren«. Dabei sollen graphische Darstellungen oder Situationszeichnungen interpretiert werden. Wenn z.b. ein Autofahrer bei starkem Regen durch eine Pfütze fährt und einen Fußgänger total nass spritzt, gibt es verschiedene Sprechblasen mit Aussagen, die der Kandidat dem Fußgänger quasi in den Mund legen kann. Durch die Auswahl einer Aussage gibt er zu erkennen, was er in einer solchen Situation wohl sagen würde. Daraus werden Rückschlüsse auf seine Persönlichkeit gezogen. Situationsbeschreibung: Sie stehen als Nummer »zehn« in einer Schlange vor einer Kasse im Lebensmittelladen. Die zweite Kasse ist unbesetzt, eine Mitarbeiterin des Lebensmittelladens steht am Regal und räumt Ware ein. Sie sind sehr in Eile und haben einen dringenden Termin.

Wie verhalten Sie sich?
- Sie warten, bis Sie an der Reihe sind.
- Sie fragen die Person, die ganz am Anfang der Schlange steht, ob sie Sie vorlässt.
- Sie schimpfen vor sich hin, was das für ein Saftladen ist.
- Sie fragen die Mitarbeiterin, die das Regal bestückt, ob sie die zweite Kasse bitte besetzen und öffnen würde.

//Fragebogentests

Bei den »Fragebogentests« werden dem Kandidaten mehrere Hundert Aussagen vorgelegt, die er mit »stimmt«, »stimmt nicht« oder »zweifelhaft« bewerten muss. Die Fragen sind oft sehr persönlich wie z.B. »Ich fühle mich oft sehr einsam«. Die Tests enthalten durchweg Kontrollfragen, so dass es sehr schwierig ist, bewusst zu manipulieren.

Ein gebräuchlicher Test ist der 16-Persönlichkeits-Faktoren-Test, kurz 16PF genannt. Er enthält 192 Fragen, die in einer Bearbeitungszeit von 30 bis 45 Minuten zu beantworten sind. Mittlerweile gibt es ihn auch in einer revidierten Fassung (16PF-R) mit 184 Fragen.

Weitere Tests, die häufig im Rahmen der Personalauswahl und -entwicklung zum Einsatz kommen, sind der Differentielle Interessentest (DIT), das Eysenck-Persönlichkeits-Inventar (EPI), das Freiburger Persönlichkeitsinventar (FPI) sowie das Bochumer Inventar zur berufsbezogenen Persönlichkeitsbeschreibung (BIP). Nachfolgend einige Fragebeispiele.

Ich würde das Leben

a) eines Künstlers oder Forschers vorziehen

b) eines Buchprüfers oder Versicherungsangestellten vorziehen

c) bin unsicher

Ich würde mein Leben, wenn ich es noch einmal zu leben hätte,

a) *mir genauso wünschen*

b) *weiß nicht*

c) *ganz anders planen*

Ich fühle mich den Anforderungen des Lebens gewachsen

a) *immer*

b) *meistens*

c) *selten*

//Satzergänzungs-Tests

Weniger offensichtlich als klassische Persönlichkeitstests sind die so genannten Satzergänzungs-Tests. Hier werden Sie gebeten, einen Satzanfang nach Ihren Vorstellungen zu ergänzen.

Beispiel:

- Mein sehnlichster Wunsch ist _____
- Mit einer Gruppe von Menschen zu arbeiten ist _____
- Peter ist besorgt _____
- Wenn ich einen Fehler gemacht habe _____

Ganz gleich, ob es sich um einen Satz in der Ich-Form handelt oder eine scheinbar neutrale Person betrifft, immer geht es darum, Ihre Einstellung und Meinung zu erfahren und daraus Rückschlüsse auf Ihre Persönlichkeit zu ziehen. Hier empfiehlt es sich, knappe und an einer positiven Grundhaltung orientierte Ergänzungen zu geben. Dies könnte in unseren Beispielen wie folgt aussehen:

- Mein sehnlichster Wunsch ist, *weiterhin mit meinem Leben zufrieden zu sein.*
- Mit einer Gruppe von Menschen zu arbeiten ist *eine Chance, gemeinsam Erfolge zu erzielen.*
- Peter ist besorgt, *wenn eines seiner Kinder ernsthaft erkrankt ist.*
- Wenn ich einen Fehler gemacht habe, *versuche ich, ihn wieder zu beheben.*

> **Tipp:** Versuchen Sie sich anhand des Anforderungsprofils der angestrebten Position klar zu machen, welche Charaktereigenschaften seitens des Arbeitgebers besonders wichtig und erwünscht sind. Diese sind eine wichtige Orientierungsleitschnur für Antworten, die eine positive Beurteilung finden werden.

Die folgende Checkliste soll Ihnen Hilfen für die Bearbeitung von Persönlichkeitstests geben.

//Checkliste: Persönlichkeitstests

- Ich bin mir über die Zielsetzung von Persönlichkeitstests im Klaren.
- Mir ist bewusst, dass insbesondere emotionale Stabilität, soziale Intelligenz und das Leistungsverhalten im Mittelpunkt der Betrachtungen stehen.
- Ich versuche, insgesamt eine positive Lebenseinstellung zu vermitteln.
- Ich vermeide bei Satzergänzungstests extreme Antworten und bevorzuge sozial unverfängliche und möglichst konfliktfreie Alternativen.
- Ich halte mir das Anforderungsprofil der angestrebten Position vor Augen.
- Ich versuche, mir selbst über meine persönlichen Stärken und Schwächen klar zu werden.
- Ich versuche, ruhig und gelassen an den Test zu gehen.

Einzelinterview

b@w

► Auf das individuelle Einzelgespräch möchte man in der Regel auch im Rahmen eines Assessment-Centers nicht verzichten. Einzelgespräch bedeutet dabei nur, dass Sie als einziger Kandidat an dem Gespräch teilnehmen. Seitens des Unternehmens werden eher zwei oder auch drei Vertreter anwesend sein.

Für das Einzelinterview als Bestandteil des Assessment-Centers gilt im Wesentlichen dieselbe Zielsetzung wie für Vorstellungsgespräche insgesamt: Sie sollen Ihren Gesprächspartnern Argumente an die Hand geben, warum Sie der geeignete Kandidat sind. Darüber hinaus besteht die Möglichkeit, auf Verhalten in den Assessment-Center-Übungen einzugehen und Ihre Einschätzung bezüglich Ihres eigenen Verhaltens zu erfragen.

Unternehmensvertreter messen dem Urteil der Bewerber untereinander einen hohen Stellenwert bei und so müssen Sie damit rechnen, über andere Kandidaten befragt zu werden. Gängige Fragen dabei sind:

● Wer ist Ihnen von den anderen Teilnehmern besonders sympathisch?
● Wen können Sie sich als eine gute Führungskraft vorstellen?
● Wer hat Ihrer Meinung nach die entscheidenden Beiträge im Rahmen der Gruppenarbeit geleistet?
● Von wem würden Sie keinen Gebrauchtwagen kaufen? (Soll heißen: Wem würden Sie nicht vertrauen, wer ist Ihnen unsympathisch?)

> **Tipp:** Es nützt an dieser Stelle wenig, gute Kandidaten schlecht zu bewerten, nur um die eigenen Chancen zu erhöhen. Eine realistische Einschätzung der Stärken Ihrer Mitbewerber kommt Ihnen mehr zugute als opportunistische Fehleindrücke.

Insgesamt ist die Dauer des Einzelinterviews im Rahmen des Assessment-Centers eher kürzer als bei einem klassischen Vorstellungsgespräch, da es ja hier nur als ein möglicher Bestandteil einer Gesamteinschätzung dient. Der Zeitrahmen bewegt sich in der Regel zwischen 15 und 30 Minuten und soll als Abrundung der in den Einzelübungen gewonnenen Erkenntnisse dienen. Besteht Unklarheit bezüglich bestimmter Fähigkeiten, kann das Einzelinterview auch dazu dienen, hier nochmals gezielt nachzuforschen.

Lassen Sie uns an dieser Stelle einen kleinen Ausflug in die Welt des Vorstellungsgesprächs machen, um die wichtigsten Regeln für Einzelinterviews aufzuzeigen.

//Was sind Ihre Fähigkeiten und Stärken?

Die erste Voraussetzung, um andere von den eigenen Fähigkeiten und Stärken überzeugen zu können, ist, sich selbst darüber bewusst zu sein. Gehen Sie dazu Ihren bisherigen beruflichen und privaten Werdegang gedanklich nochmals durch und überlegen Sie sich, welche Qualifikationen Sie besitzen.

//Methodenkompetenz ist gefragt

Denken Sie dabei nicht nur an fachliche Dinge, sondern insbesondere auch an Aspekte der sozialen Kompetenz, wie Teamfähigkeit und Kommunikationsverhalten. Unternehmen sind insbesondere daran interessiert, wie es um Ihre Methodenkompetenz bestellt ist. Hierunter versteht man die Fähigkeit, komplexe Sachverhalte zu erfassen und diese systematisch zu bearbeiten. Man könnte auch sagen, das ist Ihr Werkzeugkoffer, der Hilfsmittel und Werkzeuge enthält, mit denen Sie in der Lage sind, gestellte Aufgaben zu lösen. Im Gegensatz zu Ihrem Fachwissen ist dieser Werkzeugkoffer universell einsetzbar. Dies macht ihn für einen Arbeitgeber so interessant, weil Sie damit auch Aufgaben bearbeiten können, die von Ihrem bisherigen Tätigkeitsgebiet durchaus abweichen. Es geht also mehr um die grundsätzliche Vorgehensweise, die nicht an die konkrete Aufgabenstellung gebunden ist.

//Jeder hat seine Stärken

Häufig höre ich von meinen Kunden die Aussage, sie hätten hier nichts vorzuweisen. Es gibt eigentlich keinen Menschen, der nicht schon einmal eine bestimmte Aufgabenstellung selbständig bearbeitet hat, sei es die Diplomarbeit, die Organisation eines Festes oder die Planung eines Umzugs. Vielen ist nur einfach nicht bewusst, dass sie über entsprechende Erfahrung verfügen. Egal, um welche konkrete Aufgabe es sich gehandelt hat, entscheidend ist, dass Sie nach einem bestimmten System oder Plan vorgegangen sind und nicht hilflos vor dem anstehenden Berg der Aufgaben resigniert haben. Stichpunkte hierbei sind Projektmanagement, Zeitmanagement, Arbeitstechniken wie z.B. Mind-Mapping oder Metaplantechnik. Wenn Sie also z.B. das Prinzip des Projektmanagements beherrschen, ist es letztendlich egal, ob Sie die Methodik für die Planung einer neuen Produkteinführung oder für die Realisierung eines EDV-Systems einsetzen.

//Bringen Sie Beispiele

Ihre Argumentation wird dann überzeugend sein, wenn Sie Ihre Fähigkeiten und Erfolge anhand konkreter Beispiele aus der Vergangenheit belegen können. Es ist deshalb wichtig, sich im Vorfeld diese Beispiele zu überlegen, da Sie in der Stresssituation des Einzelinterviews sicherlich nicht die Ruhe und Gelassenheit haben werden, um aus dem Stegreif auf die entsprechenden Beispiele zu stoßen.

Das Nennen von Beispielen kann insgesamt als Schlüssel zum Erfolg bezeichnet werden. Beispiele veranschaulichen Erläuterungen und machen Aussagen greifbar. Deshalb sind auch viele Fragen Ihrer Gesprächspartner direkt darauf gerichtet. So könnten Sie z.b. gefragt werden: »Nennen Sie doch bitte ein Beispiel, wo Sie bereits einmal Initiative unter Beweis gestellt haben.« Wenn Sie über Berufserfahrung verfügen, ist es ratsam, möglichst Beispiele aus dem beruflichen Umfeld zu wählen, da sie für den Arbeitgeber den engsten Bezug zu den von ihm gestellten Anforderungen darstellen.

Wenn Sie Beispiele nennen, ist es hilfreich, diese nach dem nachfolgenden Schema aufbauen:

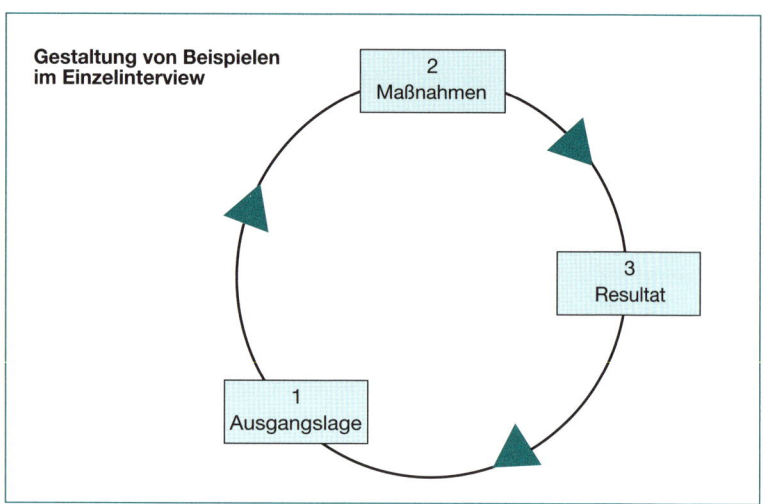

Nennen Sie zuerst die Ausgangssituation, erläutern Sie dann Ihr Verhalten und die von Ihnen ergriffenen Maßnahmen. Zeigen Sie schließlich auf, zu welchen Resultaten Ihr Verhalten geführt hat.

Beispiel: Sie sollen ein Beispiel nennen für Ihre Fähigkeit, andere zu motivieren.

Antwort: »*Als ich meine jetzige Stelle annahm, hatte ich in meinem Bereich eine Mitarbeiterin, die gegenüber den Kollegen ausgesprochen unfreundlich war und im Hinblick auf ihr Leistungsverhalten starke Defizite zeigte. Sie ging betont pünktlich um 16 Uhr, ganz gleich, ob noch dringende Arbeiten anstanden.*« (Ausgangslage)

»*Ich habe sehr gezielt den Kontakt zu der Mitarbeiterin gesucht, bin offen auf Sie zugegangen und habe versucht zu erfahren, worin ihr Verhalten begründet ist. Gleichzeitig habe ich ihr deutlich gemacht, wie wichtig ihre Arbeit für das Gesamtteam ist. Bei den Gesprächen kam heraus, dass sie sich von den wesentlichen Informationen ausgeschlossen fühlte und ziemlich frustriert war, weil ihre Arbeit ihr unwichtig und wenig honoriert vorkam. Zunächst habe ich regelmäßige Teammeetings veranlasst und damit einen regen Informationsaustausch gefördert. Jeder erzählte über seine Aufgaben und ich nutzte diesen Anlass, um über Unternehmensziele zu sprechen und dabei auch aufzuzeigen, welche wichtige Rolle unser Bereich hier einnimmt ...*« (Maßnahmen)

»*Diese Meetings haben geradezu einen Schub an Energie und Motivation ausgelöst. Gerade die Mitarbeiterin, von der ich eingangs sprach, entwickelte ein Gefühl des Stolzes, ein wichtiges Glied in der Prozesskette zu sein. Nicht nur ihre Arbeitsleistung wurde deutlich besser, sie machte mehr und mehr Verbesserungsvorschläge für den Gesamtablauf und wurde auch wesentlich freundlicher im Umgang mit den Kollegen, die ja nun ihr Team darstellten.*« (Resultat)

//Liefern Sie gute Argumente

Nutzen Sie das Einzelinterview dazu, den Assessoren weitere Argumente an die Hand zu geben, warum Sie sich für die angestrebte Position eignen. Ihre Argumente sollten sich deshalb immer an den Anforderungskriterien, wie sie im Anforderungsprofil beschrieben sind, orientieren. Bereiten Sie sich auf das Einzelinterview dadurch vor, dass Sie sich in die Rolle des Interviewers versetzen und sich überlegen, was Sie von einem Kandidaten interessieren und welche Fragen Sie stellen würden.

Beispiel: Sie haben sich auf eine Führungsposition im Bereich Controlling beworben. Was ist aus Ihrer Sicht für einen Bereichsleiter Controlling wichtig? Ihnen kommen die nachfolgenden Fragen in den Sinn:

- Wie führt er bisher seine Mitarbeiter?
- Wie ist es um seine Leistungsmotivation bestellt?
- Kann er sich im Unternehmen durchsetzen?
- Ist er in der Lage, Vorgänge analytisch zu erfassen?
- Wie sieht es um seine Belastbarkeit und Stressresistenz aus?
- Wird er Akzeptanz im Unternehmen finden?

Tipp: Überlegen Sie sich unbedingt im Vorfeld Antworten auf diese Fragen, indem Sie die bereits vorgestellte Technik der Veranschaulichung durch Beispiele einsetzen. Einer realistischen Selbsteinschätzung messen viele Assessoren einen sehr hohen Stellenwert bei.

Wer z.B. von sich selbst behauptet, sehr gut auf andere eingehen und durch seine Persönlichkeit überzeugen zu können, aber bei den Assessoren durch sein Verhalten und Auftreten eher Ablehnung erzeugt, hat in doppelter Weise ein Problem. Zum einen gelingt es ihm nicht, eine positive Grundeinstellung und Sympathie bei den Assessoren zu erzeugen, zum anderen lässt er auch noch im Hinblick auf eine realistische Selbsteinschätzung sehr zu wünschen übrig.

Tipp: Richten Sie die Aufmerksamkeit Ihrer Gesprächspartner nicht auf Defizite, die Sie von sich zwar kennen, die für den Außenstehenden aber nicht offensichtlich sind. Zu viele Kandidaten verschwenden wichtige Zeit im Interview, indem sie Schwächen erklären und entschuldigen, anstatt ihre Stärken in den Vordergrund zu rücken. Bekennen Sie sich allerdings zu Schwächen, die Ihre Gesprächspartner schon von sich aus erkennen (z.B. Nervosität, Zurückhaltung, fehlende Lockerheit im Gespräch). Zeigen Sie eine realistische Selbsteinschätzung und machen Sie deutlich, dass Sie diese Defizite bereits durch entsprechende Maßnahmen abbauen und hierbei erste Erfolge erzielt haben.

Das gesamte Assessment-Center ist weniger darauf ausgerichtet, Fachwissen zu hinterfragen, als vielmehr verhaltens- und persönlichkeitsorientierte Eindrücke über den Kandidaten zu erhalten. Diese Eindrücke werden unweigerlich auch durch Sympathie oder Antipathie mit geprägt. Wir hatten vor kurzem ein Assessment-Center-Ergebnis einer Kandidatin in Händen, das hierfür einen anschaulichen Beweis gibt. Auch wenn Schwächen im Bereich des systematischen, strategischen Handelns vorlagen, war das Gesamtergebnis deutlich über dem Durchschnitt der anderen Teilnehmer. In dem Gutachten wimmelte es nur so von Begriffen wie »sympathisch«, »charmant«, »gewinnende Art«. Das Einzelinterview, das einen direkten Kontakt zwischen Kandidat und Assessoren mit sich bringt, ist hier sicherlich am besten dazu geeignet, dieses »Bauchgefühl« und emotionale Einflüsse wie Sympathie in die Bewertung mit einfließen zu lassen, wenn nicht sogar diese zu bestimmen.

//Was bedeutet dies für Sie und Ihr Verhalten?

Versuchen Sie, Sympathiepunkte zu gewinnen. Es erscheint wenig Erfolg versprechend, sich darüber zu beklagen, dass diese Einflüsse existieren und von rein sachlichen Kriterien ablenken. Hand aufs Herz, sind wir nicht alle in diesem Punkt beeinflussbar? Ist es nicht auch in der realen Geschäftssituation so, dass Sie einem Kollegen, den Sie mögen und der Ihnen sympathisch ist, bereitwilliger helfen und Informationen zur Verfügung stellen, als jemandem, den Sie nicht ausstehen können?

Ihr Ziel sollte es deshalb sein, den Assessor zu veranlassen, seine »rosarote Brille« aufzusetzen und das Gesamtgespräch aus einem positiven Blickwinkel zu betrachten. Die in der nachfolgenden Checkliste zusammengefassten Tipps sollen Ihnen hierbei helfen:

//Checkliste: Einzelinterview

- Halten Sie Blickkontakt zu Ihren Gesprächspartnern.
- Sprechen Sie die Gesprächspartner mit Namen an.
- Strahlen Sie Freundlichkeit aus. Ein Lächeln, gerade bei der Begrüßung, kann weichenstellend sein.
- Hören Sie aufmerksam zu und gehen Sie auf die Fragen der Gesprächspartner gezielt ein.
- Geben Sie Ihrem Gesprächspartner das Gefühl, dass Sie sich gerne mit ihm unterhalten (durch Gestik und Mimik, z.B. Sitzhaltung, kein gelangweilter Blick an die Decke, Gesichtsausdruck u.a.).
- Fallen Sie Ihrem Gesprächspartner nicht ins Wort.
- Vermeiden Sie Rechthaberei und dogmatische Diskussionen insbesondere über Ihr Verhalten in den Assessment-Center-Übungen.
- Äußern Sie sich positiv über das Unternehmen, die Organisation der Veranstaltung usw., sofern Sie das auch wirklich so empfinden.
- Sprechen Sie laut und deutlich und akzentuieren Sie Ihre Aussagen.
- Orientieren Sie sich mit Ihren Aussagen am Erfahrungshintergrund des Fragers, so bewertet ein Vertreter aus dem Personalwesen Dinge anders als ein Fachvorgesetzter.

//Wie gehen Sie mit Ihren Schwächen um?

In Einzelinterviews müssen Sie damit rechnen, dass gezielt auch auf Ihre Schwächen und auf Ungereimtheiten in Ihrem Lebenslauf eingegangen wird. Um hier nicht unvorbereitet zu sein, sollten Sie Ihren bisherigen Werdegang auch unter diesen Gesichtspunkten nochmals durchsehen. Überlegen Sie sich im Vorfeld Antworten auf diese kritischen Fragen und zeigen Sie auf, wie sie vermeintlich negative Situationen gemeistert haben.

//Thema Stressinterview

Teilweise werden Einzelinterviews dazu genutzt, Ihre Belastbarkeit und Stressresistenz zu beurteilen. Sie erkennen dies in der Regel an der Formulierung der Fragen oder der eisernen Miene Ihrer Gesprächspartner, ganz gleich, was Sie antworten. Es geht darum, Sie aus der Reserve zu locken, Sie teilweise auch zu provozieren und ein Gefühl zu bekommen, wie Sie mit solchen Situationen fertig werden.

Beispiele:
● »Glauben Sie nicht auch, dass diese Position eine Nummer zu groß für Sie ist?«
● »Wenn man Ihren Werdegang so ansieht, ist da ja wenig Kontinuität drin, wie sehen Sie das?«

> **Tipp:** Die wesentliche Grundregel ist: Lassen Sie sich nicht aus der Ruhe bringen! Die Tatsache, dass man Sie zum Assessment-Center eingeladen hat, ist ein Beweis dafür, Sie grundsätzlich für einen geeigneten Kandidaten zu halten, dem man die angestrebte Position zutraut.

Deshalb können Sie ruhig auf die erste Beispielfrage mit »Nein« antworten und kurz und präzise nochmals darlegen, was Sie alles an Qualifikationen mitbringen. Geht es um mangelnde Kontinuität im Lebenslauf, kann dies auch positiv dargestellt werden, indem Sie anhand von Beispielen deutlich machen, dass Sie stets bereit waren, neue Herausforderungen anzunehmen, und diese auch gemeistert haben.

Der gezielte Einsatz der Methode Stressinterview wird unserer praktischen Erfahrung nach in der Bewerbungsliteratur insgesamt überbewertet. Klassische Stressinterviews mit provozierenden Fragen, wie wir sie als Beispiele geschildert haben, gehören nicht zum Standardrepertoire der Unternehmen. Insbesondere bei Assessment-Centern zur Personalentwicklung würde ein solches Verhalten der Unternehmensvertreter mehr Schaden anrichten als nützen. Wer im Interview als Kandidat so behandelt wird, dem fällt es sicherlich schwer, sich mit seinem Unternehmen dauerhaft zu identifizieren und Unternehmensleitbilder wie »Unsere Mitarbeiter sind unser höchstes Gut« ernst zu nehmen. Zum Abschluss des Kapitels »Einzelinterview« noch eine Übung.

//Übung: Einzelinterview

Sie befinden sich in der Anfangsphase des Einzelinterviews und es wird die folgende Frage an Sie gerichtet:
»*Bitte erzählen Sie etwas über sich.*«
Bearbeitungshinweise: Leider erkennt die Mehrzahl der Kandidaten nicht die Chance, die in einer derart offenen Frage begründet ist. Sie sind völlig verunsichert und wissen nicht, was sie genau machen sollen. Den Lebenslauf nochmals »runterbeten«? Von privaten Hobbys berichten?

Im Grunde verbirgt sich hinter dieser Frage der Wunsch, Argumente genannt zu bekommen, warum Sie der richtige Kandidat sind. Wenn Sie also diese Frage für sich gedanklich umformulieren, wird es Ihnen viel leichter fallen, einen guten Einstieg zu finden. Dieser sollte nicht irgendwo in der Vergangenheit liegen:

»Ja, 1969 habe ich mein Abitur gemacht ...«,
sondern das Jetzt und Heute sollte Ausgangspunkt für Ihre Erläuterungen sein.

»Sie finden in mir eine erfahrene Führungskraft, die bewiesen hat, sich in sehr unterschiedlichen Situationen behaupten zu können. Ich habe insbesondere während meiner Tätigkeit bei der Alimex GmbH gelernt, wie ich durch die Motivation von Mitarbeitern selbst hoch gesteckte Ziele erreichen kann.«

Tipp: Üben Sie diese Form der »Selbstpräsentation« möglichst häufig und lassen Sie sich auch von Personen Ihres Vertrauens ein Feedback geben. Je häufiger Sie vor Publikum über Ihre Fähigkeiten reden, umso leichter wird es Ihnen in der realen Situation des Interviews fallen.

► **Partnerübungen**

Diese Übungsform testet Ihre Kommunikationsfähigkeiten, indem Sie in direkten Dialog mit anderen Personen treten. Im Gegensatz zu Gruppenübungen, bei denen Sie mit mehreren Menschen eine Fragestellung bearbeiten, heißt es hier, auf eine Person gezielt einzugehen. Sie sollten Ihr Gegenüber nicht als Feind sehen, sondern versuchen, einen partnerschaftlichen, fairen und für beide Seiten akzeptablen Gesprächsverlauf zu erzielen. Man redet hier häufig auch von einer »Win-Win-Situation«, in der beide Seiten ohne einen Gesichtsverlust aus dem Gespräch gehen.

b@w **Konfliktgespräch**

► Der Kontakt zwischen Menschen läuft im beruflichen Alltag leider nicht immer ganz reibungslos ab. Ein Vorgesetzter ist mit seinem Mitarbeiter nicht zufrieden, der Chef hat bei den Mitarbeitern keine Akzeptanz, Kollegen können sich untereinander nicht einigen, ein Kunde beklagt sich über den schlechten Service.

Um über Ihr Verhalten im direkten Dialog mit anderen Menschen mehr zu erfahren, werden Konfliktgespräche im Assessment-Center durchgeführt. Es handelt sich dabei in der Regel um Rollenspiele, bei denen Sie und Ihr Gesprächspartner konkrete Rollenvorgaben bekommen, auf deren Grundlage Sie handeln sollen. Bei Ihrem Gesprächspartner handelt es sich entweder um einen der Beobachter, den Moderator oder einen speziell für diese Aufgabe abgestellten »Schauspieler«. Seltener kommt es vor, dass die Kandidaten gegeneinander antreten müssen, da die Vergleichbarkeit der Leistungen aufgrund der unterschiedlichen Rollenvorgaben sehr schwie-

rig ist. Stellen Sie sich darauf ein, dass die Rollenvorgaben Ihrer
»Gegenspieler« durchaus auf Konfrontation ausgerichtet sind und
Sie mit einigen Widerständen rechnen müssen.

//Beispielaufgaben für Konfliktgespräche

Aufgabe 1: Sie sind Personalleiterin in der Budura AG, einem Marken-
artikelhersteller mit 520 Mitarbeitern, der sich auf modische Sportbe-
kleidung spezialisiert hat. Ihre langjährige Personalreferentin war vor
einem Jahr ausgeschieden, daraufhin hatten Sie einen jüngeren Perso-
nalreferenten vom externen Markt eingestellt. Herr Weber, der Personal-
referent, ist verheiratet und Vater eines vierjährigen Sohnes. Wie Ihnen
jedoch zugetragen wurde, hat er seit ungefähr zwei Monaten ein Verhältnis mit einer Mitarbeiterin aus dem Vertrieb. Seine Frau weiß wohl
von dem Verhältnis nach wie vor nichts, innerhalb des Vertriebsbe-
reiches scheint die Beziehung aber bei den Mitarbeitern mittlerweile
bekannt zu sein und für eifrigen Gesprächsstoff zu sorgen.

Sie haben sich vorgenommen, mit Herrn Weber ein Gespräch zu
führen.

Aufgabe 2: Sie sind Projektleiter bei der Softsys GmbH, die als An-
bieter von IT-Dienstleistungen tätig ist. Bei Ihrem derzeitigen Projekt
handelt es sich um die Einführung von SAP/R3 bei einem privaten
Bankhaus. Sie sehen die Gefahr, den Zeit- und Budgetplan nicht ein-
halten zu können, da die Mitarbeiter der Bank die zugesagte Unterstützung nicht in der verabredeten Form erbringen. Gespräche mit
Ihren Projektmitarbeitern ergaben, dass insbesondere in der Abteilung
Buchhaltung der Bank Schwierigkeiten bestehen und der Buchhaltungsleiter der Einführung von SAP/R3 sehr ablehnend gegenübersteht.

Sie haben um einen Gesprächstermin mit dem Buchhaltungsleiter
gebeten, der in 10 Minuten stattfindet.

Allgemeine Bearbeitungshinweise:

● Konfliktsituationen wie diese erfordern ein hohes Maß an sozialer Kompetenz, damit das Gespräch nicht von vornherein zum Scheitern verurteilt ist. Setzen Sie sich zunächst auf der Grundlage der Situationsbeschreibung ein Gesprächsziel, auf das Sie hinarbeiten wollen.

● Der erste Schritt auf diesem Weg besteht darin, eine angenehme Gesprächsatmosphäre zu schaffen. Gehen Sie freundlich auf Ihren Gesprächspartner zu, indem Sie im so genannten »Warming up« eher ein unverfängliches Thema ansprechen. Wählen Sie eine entspannte Sitzordnung, bei der Sie besser mit Ihrem Gesprächspartner im 90-Grad-Winkel sitzen, als frontal gegenüber.

● Bei dem eigentlichen Konfliktgespräch gilt es, Vorwürfe zu vermeiden und dafür sachlich den Kritikpunkt vorzutragen.

● Lassen Sie sich die Situation aus Sicht des Gesprächspartners schildern und ihn selbst mögliche Lösungsalternativen entwickeln und aufzeigen.

● Fordern Sie Ihren Gesprächspartner auf, sich in Ihre Situation zu versetzen, und fragen Sie ihn, welches Verhalten er dann erwarten würde. Dieses »Sich-in-den-anderen-Hineinversetzen« hilft, Fronten abzubauen und die Situation aus verschiedenen Blickwinkeln zu betrachten.

● Halten Sie fest, wenn Sie und Ihr Gesprächspartner eine übereinstimmende Einschätzung einzelner Aspekte der Gesamtsituation haben. Dieses Aufzeigen von Gemeinsamkeiten erhöht die Chance, einvernehmlich eine Gesamtlösung zu finden.

● Reden Sie häufig von »wir«, um trotz der Konfliktsituation eine Verbundenheit mit dem Gesprächspartner auszudrücken.

● Wenn es Ihnen gelungen ist, Ihren Gesprächspartner im Sinne Ihrer festgelegten Zielsetzung zu einer Verhaltensänderung zu bewegen, gilt es, konkrete Lösungsansätze auszuarbeiten und eine Verbindlichkeit für deren Umsetzung festzulegen. Dies heißt auch, ggf. einen Terminplan aufzustellen oder über Konsequenzen bei Nichteinhaltung zu sprechen.

- Sollte Ihr Gesprächspartner stur und uneinsichtig bleiben, versuchen Sie nicht, durch immer weitere Zugeständnisse völlig von Ihrem ursprünglichen Gesprächsziel abzurücken, nur um ja eine Einigung zu erzielen. Insbesondere als Führungskraft wird von Ihnen auch ein gewisses Stehvermögen erwartet und die Fähigkeit, mit Widerständen umzugehen. Dies kann bedeuten, dass Sie das Gespräch mit der Feststellung beenden, keine Einigung erzielt zu haben. Sie sollten dann die weitere Vorgehensweise deutlich machen. Diese kann darin bestehen, Konsequenzen aufzuzeigen (Abmahnung, Kündigung, Terminüberschreitung, Kostensteigerung ...).
- Je nach Situation, insbesondere, wenn seitens Ihres Gesprächspartners die Emotionen hochgekocht sind, sollten Sie vorschlagen, zu einem späteren Termin ein zweites Gespräch zu führen, bei dem dann das Thema abgeschlossen werden kann. So hat der Gesprächspartner die Chance, sich die Sache nochmals in aller Ruhe durch den Kopf gehen zu lassen.

> **Tipp:** Prüfen und ergänzen Sie die Ihnen in der Rollenanweisung vorliegenden Informationen. Dies können Sie am besten durch das Stellen von so genannten »offenen W-Fragen«, die mit wie, weshalb, wozu beginnen. Lassen Sie sich die Situation aus Sicht des Gesprächspartners erläutern. So können Sie zusätzliche Informationen über die Rollenanweisung Ihres Gesprächspartners erhalten, die sein Verhalten Ihnen gegenüber erklären.

Nachdem wir nun die allgemeine Vorgehensweise bei Konfliktgesprächen angesprochen haben, hier noch ein paar spezielle Bearbeitungshinweise zu den anfangs genannten Beispielen:

Zu Aufgabe 1: Die beschriebene Situation stellt Sie als Personalleiterin vor ein schwerwiegendes Problem. Herr Weber befindet sich in einer absoluten Vertrauensposition, in der ein derartiges Verhalten nicht tolerierbar ist. Ihre Zielsetzung sollte sein, dass Herr Weber entweder das

Verhältnis beendet oder im Notfall das Unternehmen verlässt. Achten Sie im Gesprächsverlauf darauf, dass Sie nicht als Moralapostel argumentieren, sondern weisen Sie unter dem Blickwinkel der Firmeninteressen rein sachlich die Gefahr von Indiskretionen und die im Unternehmen entstehende Unruhe hin. Machen Sie klar, dass dieser Zustand für Sie auf Dauer untragbar ist.

Zu Aufgabe 2: Die besondere Schwierigkeit dieser Aufgabenstellung ist, dass es sich bei dem Leiter Rechnungswesen gleich-zeitig um einen Kunden wie auch um einen Lieferanten von Leistungen handelt, die im Vorfeld mit dem Unternehmen vereinbart worden sind. Sie sollten zunächst in Erfahrung bringen, warum er dem SAP-Projekt so negativ gegenübersteht, und ihm dann deutlich machen, welche Nachteile sich für ihn und seinen Bereich ergeben, wenn sein Modul als einziges nicht kosten- und termingerecht realisiert werden kann. Zeigen Sie konkret auf, welche Unterstützung zugesagt wurde und wie Sie sich die Zusammenarbeit vorstellen. Geben Sie aber auch Ihrem Gesprächspartner die Möglichkeit, seine Sichtweise darzustellen. Bieten Sie ggf. an, sich für seine Belange bei der Geschäftsführung einzusetzen, aber machen Sie unmissverständlich deutlich, dass an der von der Geschäftsführung getroffenen Entscheidung, SAP/R3 einzuführen, kein Weg vorbeigeht und es für alle Beteiligten am effizientesten ist, im Team zusammenzuarbeiten.

Die folgende Graphik zeigt nochmals die wesentlichen Etappen eines Konfliktgespräches.

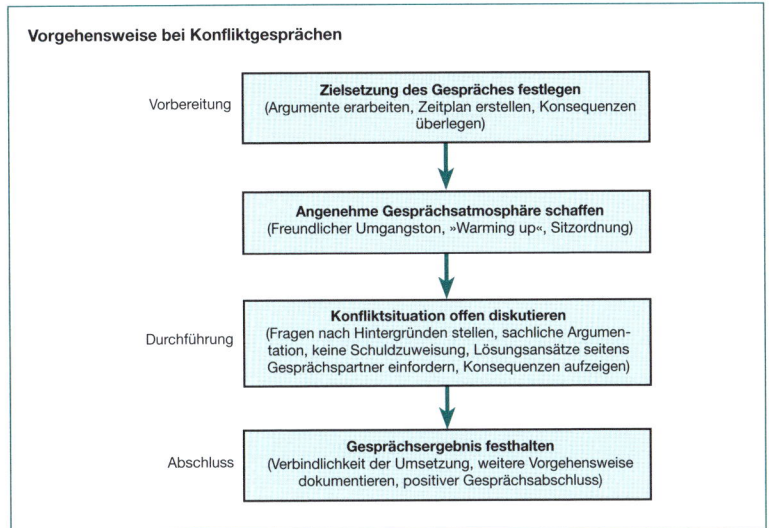

Vorgehensweise bei Konfliktgesprächen

Vorbereitung
→ **Zielsetzung des Gespräches festlegen**
(Argumente erarbeiten, Zeitplan erstellen, Konsequenzen überlegen)

Angenehme Gesprächsatmosphäre schaffen
(Freundlicher Umgangston, »Warming up«, Sitzordnung)

Durchführung
Konfliktsituation offen diskutieren
(Fragen nach Hintergründen stellen, sachliche Argumentation, keine Schuldzuweisung, Lösungsansätze seitens Gesprächspartner einfordern, Konsequenzen aufzeigen)

Abschluss
Gesprächsergebnis festhalten
(Verbindlichkeit der Umsetzung, weitere Vorgehensweise dokumentieren, positiver Gesprächsabschluss)

Pro-und-Kontra-Diskussion

► Auch bei der Pro-und-Kontra-Diskussion stehen Sie im direkten Dialog mit einem Gesprächspartner. Im Gegensatz zum Konfliktgespräch werden Sie aber in der Regel einen der anderen Teilnehmer als »Counterpart« haben. Ihre Aufgabe ist es, zu einem vorgegebenen Thema eine Position zu vertreten und diese durch passende Argumente zu untermauern. Die Vortragszeit pro Durchgang ist exakt vorgegeben, anschließend ist Ihr Gegenüber an der Reihe. Gehen Sie von drei bis vier Durchgängen aus, die Sie für Ihre Argumentationskette nutzen können.

//Übung: Pro-und-Kontra-Diskussion

Aufgabenstellung: Die Bundesregierung ist aufgefordert, das Thema Aufhebung des Ladenschlussgesetzes neu zu diskutieren. Sie gelten als leidenschaftlicher Verfechter der Liberalisierung der Ladenöffnungszeiten und haben die Gelegenheit, in einer öffentlichen Sitzung eines Bundestagsausschusses Ihre Argumente vorzutragen. Hierfür stehen Ihnen drei Sprechzeiten von je 2 Minuten zur Verfügung, die Sie abwechselnd mit Ihrem Gesprächspartner nutzen können. Ihr Diskussionspartner ist Herr Roland Missen vom Vereinigten Gewerkschaftsverband.

Achten Sie auf eine strikte Zeiteinhaltung. Ihnen stehen 10 Minuten Vorbereitungszeit zur Verfügung.

Tipps zur Bearbeitung:

- Die Vorbereitungszeit sollten Sie insbesondere dazu nutzen, Argumente zu finden und diese entsprechend ihrer Schlagkraft anzuordnen. Als Faustregel gilt: Das stärkste Argument zuletzt, das zweitstärkste an den Anfang.

- Beschäftigen Sie sich mit Ihrer Zuhörerschaft und überlegen Sie, was die Zielgruppe im Zusammenhang mit dem Thema bewegt. In unserem Beispiel handelt es sich um Politiker, die Argumente erwarten, mit denen Sie bei ihrer Wählerschaft »ankommen« können.

- Achten Sie schließlich darauf, mit Überzeugung und Begeisterung Ihre Argumentation zu präsentieren, schließlich wird dies in der Aufgabenstellung von Ihnen gefordert.

- Bei all der Vorbereitung sollten Sie Ihren Gesprächspartner und dessen Argumente in keinem Fall vernachlässigen. Überlegen Sie sich im Vorfeld, welche Argumente er wohl in die Waagschale werfen wird und wie Sie diese entkräften können. Bauen Sie sich zwar einen roten Faden für Ihre Argumentationskette auf, dieser sollte aber so flexibel sein, dass Sie die Argumente des »Gegners« aufgreifen können.

Für die Vorbereitung der Pro-und-Kontra-Diskussion können Sie auch die Ausführungen des Kapitels »Einzelvortrag« speziell im

Bereich Produktpräsentation nutzen. Die Pro-und-Kontra-Diskussion fordert allerdings gegenüber dem Einzelvortrag ein wesentlich höheres Maß an geistiger Flexibilität, um in dieser Situation erfolgreich bestehen zu können.

Für das aufgeführte Beispiel haben wir einige Pro-und-Kontra-Argumente in der folgenden Übersicht zusammengestellt.

Argumente pro und kontra Aufhebung des Ladenschlussgesetzes:

Pro	Kontra
Mehr Lebensqualität für Verbraucher. Familien können auch ohne Hetze gemeinsam einkaufen.	Lebensqualität für das Verkaufspersonal sinkt. Insbesondere kleinere Betriebe können im Wettbewerb nicht mithalten.
Steigerung des Bruttosozialprodukts durch höheres Gesamtkaufvolumen.	Keine Belege, dass sich das Gesamtkaufvolumen durch eine Ausweitung der Ladenöffnungszeiten erhöht.
Entzerrung der Einkaufszeiten, weniger Verkehrsprobleme.	Verkehrsprobleme verlagern sich auf das Wochenende, selbst am Sonntag haben Anwohner von Großmärkten keine Ruhe mehr.
Bessere Nutzung der Verkaufsflächen (Ladenfläche, Parkplätze ...).	Zeitlich längere Nutzung der Verkaufsflächen stellt keinen Vorteil dar, wenn dadurch das Gesamteinkaufsvolumen nicht ansteigt.

Verstärkter Bedarf an Teilzeitkräften, damit insbesondere mehr Chancen für Frauen.	Insbesondere Frauen, die auf öffentliche Verkehrsmittel angewiesen sind, leiden unter den z.T. extrem liegenden Arbeitszeiten. Durch die Zunahme der geringfügig Beschäftigten werden den fest angestellten Arbeitnehmern die Arbeitsplätze weggenommen.
Internationaler Wettbewerb führt insbesondere in Grenzgebieten zur Abwanderung von Kaufkraft ins Ausland aufgrund eingeschränkter Öffnungszeiten.	Religiöse und gesellschaftliche Bedürfnisse (der Sonntag als Feier- und Ruhetag) werden vernachlässigt, Werteverlust in der Gesellschaft.

Versuchen Sie, anhand von Beispielen abstrakt geführte Diskussionen für die Zuhörer greifbar zu machen. In unserem Beispiel der Ladenöffnungszeiten ist das Argument »Bessere Nutzung der Verkaufs- und Parkplatzflächen« für die Zuhörer wesentlich überzeugender, wenn Sie z.B. eine konkrete Situation schildern:

»Kennen Sie nicht auch das Gefühl, wenn Sie sich an einem Samstagvormittag mit allen anderen Berufstätigen an den Parkhauseinfahrten anstellen und ewig auf einen freien Parkplatz warten müssen? Dann, pünktlich nach Ladenschluss, ist plötzlich alles auf einen Schlag wie leer gefegt und Sie denken sich: Wie schön wäre es jetzt, in aller Ruhe noch zu bummeln, anstatt sich wieder in den Stau zu stellen? Ohne feste Ladenöffnungszeiten kein Problem, da sich der Kundenstrom wesentlich besser verteilen lässt. Weniger Stress und eine bessere Nutzung der Parkplatzflächen sind zusätzliche Vorteile, wenn wir über die Aufhebung des Ladenschlussgesetzes sprechen.«

//Übung: Pro und Kontra einmal anders

Versuchen Sie einmal, in dem obigen Beispiel beide Rollen gleichzeitig wahrzunehmen, sprich, zunächst ein Plädoyer pro und dann direkt im Anschluss kontra zu führen. Diese recht stressige Übung gibt Ihnen die Möglichkeit, sich mit beiden Argumentationen vertraut zu machen und so in der realen Pro-und-Kontra-Diskussion mit mehr Gelassenheit Ihren Part spielen zu können.

In der folgenden Checkliste haben wir noch einige wichtige Tipps für das Verhalten in Pro und Kontra-Diskussionen zusammengestellt:

//Checkliste: Pro-und-Kontra-Diskussion

- Sammeln Sie Argumente für Ihre und die gegnerische Position.
- Ordnen Sie Ihre Argumente entsprechend ihrer Schlagkraft.
- Bauen Sie sich eine Argumentationskette auf unter Berücksichtigung der Interessen Ihrer Zuhörerschaft.
- Hören Sie Ihrem Diskussionspartner aufmerksam zu, gehen Sie auf dessen Argumente ein und entkräften Sie diese.
- Setzen Sie Gestik, Mimik und Intonation während Ihres Plädoyers zielgerichtet ein.
- Versuchen Sie, die Zuhörer auch emotional anzusprechen, indem Sie anhand von Beispielen aufzeigen, welche Konsequenzen sich ergeben können.
- Greifen Sie Ihren Gesprächspartner nie persönlich an, beziehen Sie sich nur auf seine inhaltlichen Argumente.
- Fassen Sie am Ende Ihres Plädoyers die wichtigsten Argumente nochmals zusammen.

Nachfolgend noch einige beliebte Themenstellungen für die Pro-
und-Kontra-Diskussion in Assessment-Centern.

- Autofreier Sonntag
- Telearbeit
- Studiengebühren
- Abschaffung der Zeiterfassung für Mitarbeiter
- Autobahngebühren
- Vermögenssteuer
- Rauchverbot am Arbeitsplatz
- Betriebsferien

Gruppenübungen

Teamfähigkeit und gutes Kommunikationsverhalten sind zentrale Schlagworte in nahezu allen Anforderungsprofilen. Deshalb nehmen Übungen, die das Verhalten in der Gruppe in den Vordergrund stellen, einen wichtigen Platz in Assessment-Centern ein. Die in den folgenden Kapiteln vorgestellten Aufgabentypen beschreiben jeweils unterschiedliche Übungsformen, mit denen das Sozialverhalten beobachtet und bewertet werden kann.

Gruppendiskussionen

► Eine der beliebtesten und am häufigsten eingesetzten Übungen im Rahmen des Assessment-Centers sind Gruppendiskussionen. Vier bis sechs Teilnehmer sollen gemeinsam ein Thema diskutieren. Es gibt unterschiedliche Formen von Gruppendiskussionen, so zum Beispiel:

- Rollenvorgabe: Die führerlose Gruppendiskussion ist die häufigste Variante bei Gruppendiskussionen. Dabei ist kein Moderator im Vorfeld festgelegt, alle Beteiligten sind gleichberechtigte Diskussionsteilnehmer.
- Im Gegensatz dazu steht die moderierte Gruppendiskussion, bei der, ähnlich wie in den Fernsehdiskussionen, eine Person definiert ist, die das Gespräch steuert.
- Fachorientierung: Die Gruppendiskussion kann entweder zu einem Thema geführt werden, das so allgemein gehalten ist, dass jeder Teilnehmer aufgrund seiner Allgemeinbildung etwas dazu sagen kann. Die zweite Variante besteht darin, ein Thema zu wählen, das einschlägiges Fachwissen voraussetzt, um sich aktiv an der Diskussion beteiligen zu können.

Die eher auf ein allgemein gehaltenes Thema ausgerichtete Gruppendiskussion enthält in der Regel keine Vorgabe, dass zum Ende ein konkretes Ergebnis präsentiert werden muss. Das Diskussionsverhalten selbst steht im Mittelpunkt der Betrachtung.

Sollen die Teilnehmer ein Konzept oder einen Lösungsvorschlag im Rahmen der Diskussion erarbeiten, so handelt es sich um eine ergebnisorientierte Gruppendiskussion, die der Fallstudie (siehe Seite 093) bzw. der Gruppenarbeit (siehe Seite 089) ähnelt.

Nachfolgend einige beispielhafte Themen, die als Grundlage für Gruppendiskussionen verwendet werden können.

- Wie lässt sich der Energieverbrauch in Deutschland reduzieren?
- Ist der Standort Deutschland noch wettbewerbsfähig?
- Welche Werte hat die heutige Jugend?
- Welche Eigenschaften sollte eine gute Führungskraft haben?
- Sollten die Ladenöffnungszeiten verlängert werden?
- Worüber sollte eine gute Mitarbeiterzeitung berichten?

Die hier genannten Themen sind sehr allgemein gehalten und setzen in der Regel kein spezielles Fachwissen voraus. Daher hier noch einige Beispiele für Gruppendiskussionen, die ganz gezielt branchen- oder fachspezifisch angelegt sind.

- Wie lassen sich neue Technologien, wie das Intranet, für die betriebliche Weiterbildung nutzen?
- Welchen Nutzen bringen Workflow-Lösungen für die Abläufe in Unternehmen?
- Diskutieren Sie die Vorzüge eines konsequent durchgeführten Product-Creation-Prozesses (PCP, Produktentwicklungsprozess).
- Was wäre für Sie die erfolgversprechendste Marketingstrategie, um ein Handy speziell für die Zielgruppe der 12- bis 18-Jährigen auf dem Markt einzuführen?

Teilweise werden den Teilnehmern zur Vorbereitung auf das Thema vorab Hintergrundinformationen ausgehändigt. Wurde Ihnen darüber hinaus auch eine Rolle in der Gruppendiskussion zugewiesen, so handelt es sich um ein Rollenspiel (siehe Seite 103).

Ihr Verhalten bei der Gruppendiskussion wird anhand eines Beurteilungsbogens ausgewertet. Der nachfolgend abgebildete Beurteilungsbogen entspricht denen, die auch im Rahmen eines Assessment-Centers häufig eingesetzt werden.

Beurteilungsbogen Gruppendiskussion　　　　　　　　　　　　b@w

Name des Diskussionsteilnehmers _____

Kriterien	ausgeprägt				nicht vorhanden	
	6	5	4	3	2	1
Initiative						
eröffnet Gruppendiskussion	☐	☐	☐	☐	☐	☐
versucht, Gruppe zu organisieren/strukturieren	☐	☐	☐	☐	☐	☐
führt Diskussion wieder zum Thema zurück	☐	☐	☐	☐	☐	☐
bringt Diskussion konstruktiv weiter	☐	☐	☐	☐	☐	☐
Durchsetzungsvermögen/Überzeugungskraft						
Beiträge werden als Gruppenmeinung übernommen	☐	☐	☐	☐	☐	☐
lässt sich nicht unterbrechen	☐	☐	☐	☐	☐	☐
Argumente werden von der Gruppe als wertvoll angesehen	☐	☐	☐	☐	☐	☐
behauptet seinen Standpunkt	☐	☐	☐	☐	☐	☐
Kommunikationsfähigkeit						
hört anderen zu und geht auf deren Beiträge ein	☐	☐	☐	☐	☐	☐
hält Blickkontakt	☐	☐	☐	☐	☐	☐
lässt andere Diskussionsteilnehmer ausreden	☐	☐	☐	☐	☐	☐
fasst den Stand der Diskussion zusammen	☐	☐	☐	☐	☐	☐

Soziales Verhalten

bezieht passive Diskussionsteilnehmer ein	☐	☐	☐	☐	☐	☐
sorgt für angenehme Gesprächsatmosphäre	☐	☐	☐	☐	☐	☐
wertet gute Beiträge anderer	☐	☐	☐	☐	☐	☐
kann sich in andere Personen und deren Standpunkte hineinversetzen	☐	☐	☐	☐	☐	☐

Frustrationstoleranz/Ausdauer

lässt sich nicht einschüchtern	☐	☐	☐	☐	☐	☐
ist während der gesamten Diskussion aktiv	☐	☐	☐	☐	☐	☐
lässt sich nicht ablenken	☐	☐	☐	☐	☐	☐
kann den eigenen Standpunkt auch gegen Widerstand vertreten	☐	☐	☐	☐	☐	☐
verliert das eigene Konzept nicht aus den Augen	☐	☐	☐	☐	☐	☐

Durch den direkten Konkurrenzdruck mit anderen Kandidaten missachten sehr viele Teilnehmer die einfachsten Regeln einer erfolgreichen Kommunikation. Sie setzen darauf, die längsten Redezeiten zu bekommen und andere durch persönliche Angriffe mundtot zu machen. Der oben vorgestellte Auswertebogen zeigt aber, dass dies nicht die von den Unternehmen gewünschten und gesuchten Eigenschaften sind. Vielmehr ist derjenige in der Gruppendiskussion erfolgreich, dem es gelingt, das Gespräch zu strukturieren und als Moderator akzeptiert zu werden. Steht Ihnen eine Vorbereitungszeit für die Gruppendiskussion zur Verfügung, sollten Sie diese nutzen, um möglichst viele unterschiedliche Argumente zu sammeln.

//Übung: Gruppendiskussion

Überlegen Sie sich Argumente zu der Themenstellung: Wie lässt sich der Software-Entwicklungsprozess bei einem Beratungsunternehmen aus der IT-Branche optimieren?
Die nachfolgenden Themenkomplexe könnten im Zusammenhang mit diesem Thema aufgeführt werden:

- Teamgedanke fördern (sich selbst steuernde Teams)
  Kommunikation intern (Berichtswesen, Workshops zur Spezifikation)
  Interdisziplinäre Teams (Entwicklung, Fertigung, Vertrieb)
  Kommunikation mit Auftraggeber (gemeinsame Workshops, Teams)
  Aus- und Weiterbildung der Mitarbeiter/Anwender
- Prozessorientierung und Meilensteine
  Software-Design
  Prototyping
  Customizing (Anpassung an Kundenwünsche)
- Standardisierung von Modulen
  Standardsoftware als Grundlage verwenden
- Qualität, Qualitätssicherung
  Dokumentation
  Testverfahren, Integrationsverfahren
  Kundenorientierung, Hotline
  Projektmanagement
- Image des Unternehmens
  Erwartungshaltung des Auftragnehmers
  Erwartungshaltung des Auftraggebers
  Selbstverständnis des Mitarbeiters
- Kosten und Zeithorizont
  Projekt-Controlling
  Bewertung nach Projektende

Um die Themenkomplexe des voranstehenden Themas identifizieren zu können, brauchen Sie sicherlich einiges Fachwissen. Leichter geht es mit einem allgemeineren Thema wie dem folgenden.

//Übung: Gruppendiskussion zu einem allgemeinen Thema

Versuchen Sie nun selbst einmal, für das Diskussionsthema »Was macht eine gute Mitarbeiterzeitung aus?« wesentliche Aspekte zu identifizieren.

Hier einige Ansätze für Ihre Lösung:

Themenbereiche:

- Information z.B. über Unternehmensziele, aktuelle Projekte, Entwicklungen, Mitbewerber, Kunden, Markttendenzen, Neueintritte und Austritte von Mitarbeitern
- Kommunikation zwischen verschiedenen Hierarchien und Bereichen (z.B. Leserbriefe)
- Unterhaltung, z.b. Freizeitaktivitäten von Mitarbeitern

Anforderungen:

- Qualität: sachliche Information, guter, interessanter Schreibstil, verschiedene Meinungen gelten lassen
- Aufmachung: ansprechende Gestaltung, Übersichtlichkeit, feste Rubriken
- Aktualität: zeitnahe Berichterstattung, aktuelle Themen

Aber nicht nur eine inhaltliche, sondern insbesondere auch die verhaltensbezogene Vorbereitung ist notwendig, um sich erfolgreich in der Gruppendiskussion behaupten zu können.

Die nachfolgende Checkliste hilft bei der Vorbereitung auf eine Gruppendiskussion:

//Checkliste: Gruppendiskussion

- Bereiten Sie sich darauf vor, die Gruppendiskussion mit einer kurzen Darstellung des Themas zu eröffnen. Da aber alle, die sich vorbereitet haben, dies versuchen, ist es auch kein Beinbruch, sollten Sie dabei nicht zum Zuge kommen.
- Versuchen Sie, der Erwartungshaltung der Beobachter gerecht zu werden.
- Wirken Sie verbindlich, indem Sie die anderen Teilnehmer mit Namen anreden.

- Versuchen Sie, Teilnehmer, die bisher noch nichts oder wenig beige-
tragen haben, mit in die Diskussion einzubeziehen. Dabei ist es wichtig, dass Sie den Teilnehmer nicht verschrecken, sondern Mut machen, sich auch zu äußern. *»Damit dieser Punkt von allen Beteiligten
getragen wird, wäre es wichtig, auch die Meinung von Herrn Müller
dazu zu hören.«*

- Fassen Sie Zwischenergebnisse zusammen. *»Diesen Punkt haben wir
nun ausführlich besprochen und sind dabei zu dem Ergebnis gekommen, dass ... Um die sicherlich ebenso wichtigen anderen Aspekte,
wie ... auch anzusprechen, schlage ich vor, dass wir uns nun diesen
Themen zuwenden.«*

- Strukturieren Sie die einzelnen Aspekte des Themas. Eventuell können Sie dabei auch die einzelnen Themenblöcke auf einem Flip-Chart
aufschreiben und anhand dieser Struktur die Diskussion leiten.
Versuchen Sie dabei die anderen Teilnehmer einzubeziehen, indem
Sie diese auffordern, Themenblöcke vorschlagen. Wenn diese Arbeit
getan ist, sollten Sie sich schnell wieder setzen, um sich so auch
wieder optisch in die Gruppe zu integrieren.

- Sollten sich die Teilnehmer zu schnell einem anderen Thema widmen
wollen oder besteht die Gefahr, von einem Thema zum anderen zu
springen, kann hier ausgleichend eingegriffen werden. *»Ich glaube,
diesem Punkt wird man nicht gerecht, wenn man ihn jetzt schon wieder verlässt, z.B. sind wir auf den Aspekt der ... noch gar nicht näher
eingegangen.«*

- Beißt sich eine Gruppe an einem Detail fest oder verlässt sie das
Thema komplett, sollten Sie handeln. *»In Anbetracht der gegebenen
Zeit und der Breite des Themas schlage ich vor, dass wir uns nun
dem Themenkomplex Nummer 2 zuwenden.«*

- Meistens bilden sich bei einer Gruppendiskussion zwei Parteien.
Versuchen Sie, die beiden Gruppen einander näher zu bringen. *»Eine
solche Polarisierung von Argumenten halte ich im Hinblick auf ein gemeinsam zu tragendes Ergebnis und das Ziel, ein optimales Ergebnis
für unser Unternehmen zu erreichen, nicht für vorteilhaft.«*

- Konflikte sollten auch auf persönlicher Ebene entschärft werden. *»Ich* *halte es für fair, wenn Sie den Kollegen Maier ausreden lassen, schließlich sollten alle Argumente gemeinsam und in voller Länge gewertet werden.«*

- Versuchen Sie, das Unternehmensinteresse vor persönliche Interessen zu stellen. *»Unsere Argumente müssen vom Vorstand nachvollzogen werden können. Dies gelingt nur bei möglichst umfangreicher Darstellung der Vor- und Nachteile und nicht durch persönliche Angriffe.«*

- Sollten Sie in Ihrer Moderatorenrolle angegriffen werden (z.B. in der Form: *»Sie wollen sich doch nur profilieren«*), sollten Sie dieser Kritik dadurch begegnen, indem Sie anderen die Chance geben, ihre Vorstellungen über den weiteren Diskussionsverlauf einzubringen. *»Ich versuche, eine Strukturierung des Themas vorzunehmen und alle an Bord zu halten, ich fände es gut, wenn wir dies alle zusammen probieren würden, schlagen Sie den weiteren Weg vor.«*

- Wenn Sie das Gefühl haben, dass auch andere Teilnehmer die hohen Redeanteile eines Gruppenmitglieds satt haben, insbesondere, wenn es immer wieder auf den gleichen Argumenten herumreitet, sollten Sie dies auch deutlich machen: *»Halt (bei gleichzeitigem Heben des Arms), dieses Argument hatten wir bereits mehrfach durchgekaut, wir sollten uns jetzt dem Themenkomplex ... zuwenden.«* Auch hier kann wieder auf die Aufgabenstellung und auf noch nicht erledigte Fragen hingewiesen werden. Gegebenenfalls ist ein Aufstehen und Deuten auf das Flip-Chart sinnvoll.

- Körpersprachliche Ausdrucksmittel sollten auch bei der Gruppendiskussion eingesetzt werden. Der Gesamteindruck der Assessoren basiert sowohl auf den Redebeiträgen als auch auf der eingesetzten Körpersprache. Vermeiden Sie, sich zu weit nach vorne zu lehnen, dies erweckt einen aggressiven Eindruck, während andererseits die nach hinten entspannte Lage im Sessel den Eindruck der Nichtteilnahme aufkommen lässt. Versuchen Sie, vorhandene Nervosität nicht durch das Umschlingen der Stuhlbeine, Wippen, Fingerübungen (Verschlingen der Finger, Trommeln auf der Tischplatte) sichtbar werden zu lassen.

- Halten Sie Blickkontakt zu dem jeweiligen Redner, beobachten Sie aber auch die Wortführer in der Gruppe, um deren Reaktionen interpretieren zu können.

Gruppenarbeit b@w

► Bei der Gruppenarbeit wird die Fähigkeit getestet, im Team eine Aufgabenstellung zu lösen. Während es bei der Fallstudie (siehe Seite 093) verstärkt um die Erfassung komplexer Sachverhalte und die konzeptionelle Erstellung einer Lösung geht, liegt bei der Gruppenarbeit der Schwerpunkt auf der konkreten Realisierung einer Projektaufgabe. Damit Sie sich von diesem Aufgabentyp eine klare Vorstellung machen können, sollten Sie die folgende Übung durchführen:

//Übung: Gruppenarbeit

Vorabinformation: Für die Durchführung der Übung sollten Sie weitere drei bis fünf Personen für die Mitarbeit gewinnen. Bereiten Sie die folgenden Hilfsmittel vor: eine Schere, Karten aus dickerem Karton, Metaplankarten in der Größe 21 cm x 9,5 cm (ein Vorrat von circa 30 Karten ist sinnvoll), zwei Klebestifte, Filzstifte, einen Taschenrechner sowie ein Lineal.

Aufgabenstellung: Die Deutsche Tanklagergesellschaft hat sich an einer Ausschreibung für ein Tanklager in Bahrein beteiligt. Hierzu soll nun ein Modell im Maßstab circa 1 : 100 erstellt werden. In den Ausschreibungsunterlagen werden folgende Vorgaben genannt:
- Drei Verbindungsröhren müssen in einer Höhe von 3 Metern über der Erde über eine Distanz von 40 Metern zwischen zwei zu errichtenden Tanklagern geführt werden.

- Das große Tanklager soll ein Fassungsvermögen von 25.000 m³ haben. Die Formel für das Volumen V eines senkrechten Kreiszylinders ist: $V = \pi * r^2 * h$, mit $\pi \sim 3{,}14$.
- Die Mindesthöhe des zweiten Tanklagers soll 15 Meter betragen.
- Zu der Anlage gehört ferner ein Pumpenhaus.

Als Hilfsmittel stehen Ihnen zur Verfügung: eine Schere, Metaplankarten, zwei Klebestifte, Filzstifte, ein Taschenrechner sowie ein Lineal. Die Bearbeitungszeit beträgt 50 Minuten. Danach soll das Modell vor der Geschäftsführung der Deutschen Tanklagergesellschaft präsentiert werden.

Bearbeitungshinweise: Wer hier über Erfahrung in der Projektarbeit verfügt, hat deutlich bessere Karten, um die Aufgabenstellung strukturiert bearbeiten zu können. Zur Lösung der Aufgabe sollte zunächst in der Gruppe geklärt werden, ob allen die Fragestellung klar ist oder es Verständnisprobleme gibt. Weiter ist festzulegen, ob alle gemeinsam an der Gesamtaufgabenstellung arbeiten oder Unterteams (Teilprojektgruppen) gebildet werden.

Die Einteilung könnte z.B. darin bestehen, dass eine Gruppe für das Tanklager 1 und 2, die andere Gruppe für die Verbindungsröhren und das Pumpenhaus zuständig ist. Sofern Teilprojektgruppen gebildet wurden, sollten diese sich in regelmäßigen Zeitabständen zusammenfinden, um den Projektfortschritt abzustimmen und ggf. Fragen zu klären.

Zunächst empfiehlt es sich, eine Grobplanung des Gesamtprojektes zu erstellen, bei der der Projektablauf festgeschrieben wird. Hierzu gehört auch, eine grobe Skizze anzufertigen, wie die gesamte Anlage aussehen könnte.

Nachfolgend ein Beispiel, wie die Projektablaufplanung aussehen könnte:

Phase 1	Projektablauf festlegen Teilprojektaufgaben definieren Teilprojektgruppen bilden Zeitplan aufstellen Grobe Skizze erstellen	10 Minuten
Phase 2	1. Realisierungsphase in Teilprojektgruppen	15 Minuten
Phase 3	Meilenstein (Zwischenstand) im Gesamtprojektteam	5 Minuten
Phase 4	2. Realisierungsphase in Teilprojektgruppen	10 Minuten
Phase 5	Abschluss Meeting mit Zusammenführung der Teilmodelle und Vorbereitung der Präsentation	10 Minuten

Lösungsvorschlag: Für die Erstellung der Tanklagermodelle ist zunächst deren Größe zu ermitteln. Da lediglich das Volumen vorgegeben ist, muss dazu das Verhältnis von Höhe zu Radius bestimmt werden. Wählt man z.B. eine Höhe von 10 Metern, ergibt dies einen Radius von rund 28 Metern im Original, d.h. von 28 Zentimetern im Modell.

$$r = \sqrt{\frac{V}{\pi * h}} = \sqrt{\frac{25.000}{3,14 * 10}} = 28,2 \text{ m}$$

Bei einer Höhe von 15 Metern ergibt sich ein Radius von 23 Metern, d.h. 23 Zentimetern im Modell. Da das zweite Tanklager laut der Aufgabenbeschreibung kleiner sein soll als das erste, aber eine Höhe von 15 Metern hier vorgegeben ist, muss der Radius des zweiten Tanklagers kleiner als 23 Meter sein.

Für das Pumpenhaus sind keine Vorgaben vorhanden, es sollte sich jedoch in der Größe an den Dimensionen der Tanklager orientieren und nicht zu groß sein.

Im Rahmen des Meilensteins kann der Projektfortschritt kontrolliert werden und eine Abstimmung zwischen den Projektteams erfolgen.

Beim Abschluss Meeting werden die Teilmodelle zusammengeführt und die Präsentation vor der Geschäftsführung vorbereitet. Hierbei gilt es festzulegen, wer aus der Gruppe präsentieren wird, und ggf. entsprechende Unterlagen vorzubereiten. Da ein Modell zur Verfügung steht, empfiehlt es sich, dieses als Anschauungsmaterial zu verwenden und auf umfangreiche Foliensätze oder Flip-Charts zu verzichten.

Ein Engpass bei der Mustererstellung sind die Schere und das Lineal, die nur jeweils ein Mal vorhanden sind. Das Lineal kann durch entsprechende Markierung eines Papierstreifens dupliziert werden, lediglich die Schere muss als Ressource geteilt werden.

Damit kommen wir auch zu den verhaltensbezogenen Tipps bei der Gruppenarbeit. Im Eifer des Gefechtes haben wir schon oft erlebt, wie ein Teilnehmer dem anderen einfach Hilfsmittel aus der Hand gerissen hat oder deutlich zu verstehen gab, dass er mit dem Tempo des anderen nicht einverstanden ist.

> **Tipp:** Bei Durchführung der Übung werden auch Sie merken, wie sehr man sich auf die Aufgabe konzentriert und dabei vergisst, dass es sich nur um eine Übung handelt, bei der viel weniger das Endprodukt als das Verhalten der Teilnehmer während der Übung bewertet wird. Denken Sie also immer daran: Der Weg ist hier das Ziel.

b@w Damit Sie sich selbst ein Bild machen können, welche Kriterien bei der Gruppenübung bewertet werden, steht für Sie im Internet-Workshop ein Auswertebogen, wie er bei dieser Art von Übungen häufig zum Einsatz kommt, zum Download bereit.

An dieser Stelle noch einige Tipps, was Sie bei der Gruppenarbeit beachten sollten.

//Checkliste: Gruppenarbeit

- Versuchen Sie, eine »Projektleiterrolle« einzunehmen und die Akzeptanz der anderen Gruppenmitglieder zu gewinnen.
- Strukturieren Sie die Gesamtaufgabe, Kenntnisse des Projektmanagements sind hier von Vorteil.
- Arbeiten Sie selbst engagiert mit, ohne den Überblick zu verlieren.
- Achten Sie auf den Zeitrahmen und die Einhaltung der vereinbarten Zeitbudgets.
- Greifen Sie Gruppenmitglieder nie persönlich an.
- Sprechen Sie klar und deutlich.
- Beziehen Sie alle Gruppenmitglieder aktiv in das Geschehen mit ein.
- Motivieren Sie Ihre Teamkollegen (Lob, Anerkennung, sportlichen Ehrgeiz herausfordern).
- Helfen Sie anderen Gruppenmitgliedern und bieten Sie diese Hilfe auch an.
- Argumentieren Sie sachlich und helfen Sie durch entsprechende Fragetechnik anderen, ihre Fehler selbst zu erkennen.

Fallstudie

► Fallstudien testen insbesondere Ihre analytischen und konzeptionellen Fähigkeiten. Da Fallstudien meist als Gruppenübungen durchgeführt werden, wird bei dieser Übungsform darüber hinaus Ihre soziale Kompetenz im Umgang mit anderen bewertet.

In guten Assessment-Centern werden Sie eine Fallstudie zur Bearbeitung erhalten, die sich an den unternehmensspezifischen Gegebenheiten orientiert. Häufig handelt es sich um eine Fragestellung, die sich im Unternehmen tatsächlich so gestellt hat und dann zu einer Übung ausgebaut wurde. Gute Kenntnisse über das Unternehmen und den Markt, auf dem es sich bewegt, können hier von Vorteil sein. Zu Beginn der Bearbeitung erhalten Sie in der

Regel einige Unterlagen, die das Szenario beschreiben.

Die nachfolgende Übung können Sie alleine machen. Um aber zusätzlich noch Ihr Sozialverhalten zu üben, ist es besser, sie in einer Gruppe von vier Personen durchzuführen.

//Übung: Fallstudie

Ausgangssituation: Die Star Airline ist eine international tätige Fluggesellschaft mit Hauptsitz in Hamburg. Ihre Flugzeugflotte besteht aus fünf Boeing 737 sowie vier Avro Regionaljets. Die Star Airline bedient mit ihrem Streckennetz von Hamburg aus sowohl Städte in Deutschland, europäische Hauptstädte als auch beliebte Ferienregionen in Europa einschließlich der Kanarischen Inseln. Ferner hat sie mit einigen Speditionen feste Frachtverträge. In den letzten Monaten ist eine deutliche Verschlechterung der Ertragslage festzustellen. Ihr Team wurde beauftragt, die Situation und die Ursachen für die Entwicklung zu analysieren und Maßnahmen vorzuschlagen, die zu einer Verbesserung der Ertragslage führen. Es wurde um eine schriftliche Ausarbeitung für den Vorstand gebeten. Für die Bearbeitung haben Sie 40 Minuten zur Verfügung. Folgende Informationen stehen Ihnen zur Verfügung:

Flugzeugauslastung 01-08 laufendes Jahr, Angaben in %

Strecke/Monat	1	2	3	4	5	6	7	8
München	60	58	64	66	65	67	66	67
Frankfurt	75	73	71	73	74	70	68	72
Düsseldorf	70	69	65	61	55	50	45	48
London	69	68	60	54	52	50	49	49
Paris	68	65	60	68	64	65	70	66
Nizza	65	62	64	66	60	62	63	65

Strecke/Monat	1	2	3	4	5	6	7	8
Brüssel	71	70	68	70	71	72	69	68
Rom	66	67	65	69	69	67	68	65
Wien	66	67	64	64	66	62	63	64
Madrid	60	58	68	70	75	78	76	81
Antalya	73	80	79	82	75	78	69	78
Palma de Mallorca	98	90	88	91	89	87	94	91
Las Palmas	85	93	86	85	79	94	87	89
Agadir	88	84	78	80	85	82	88	90

Verspätungen Monate 01-07 durchschnittlich pro Flug in Minuten

Strecke/Monat	1	2	3	4	5	6	7
München	7	10	12	9	9	7	8
Frankfurt	8	8	12	10	10	9	11
Düsseldorf	9	11	12	12	15	14	15
London	15	20	22	20	25	20	22
Paris	9	9	7	6	7	6	8
Nizza	10	9	9	9	8	9	9
Brüssel	11	10	9	10	10	8	5
Rom	8	7	6	7	8	5	8
Wien	6	8	7	9	7	7	7
Madrid	10	9	8	7	8	5	5
Antalya	4	0	3	5	3	4	3
Palma de Mallorca	5	5	3	7	4	4	5
Las Palmas	2	4	3	5	6	4	2
Agadir	5	5	2	6	7	5	4

● **Information aus dem Vertrieb:**
Der Spediteur Trans Log hat seinen Vertrag mit uns mit Wirkung zum
1.8. gekündigt. Damit entfällt das gesamte Frachtaufkommen auf der
Strecke Hamburg–London. Trans Log wollte keine weiteren Angaben
zu den Gründen der Vertragskündigung geben.

● **Informationen aus dem Marketing:**
Seit April bedient ein neuer Carrier die Strecke Hamburg–London–
Gatwick. Die British Airport Authorities haben die Gerüchte nun offi-
ziell bestätigt, dass die Flughafenabfertigungsgebühren in London–
Heathrow um rund 15 % ab 1.10. steigen werden. Davon sind alle
unsere Flüge nach London betroffen.Seit dem 1.5. ist die ICE-
Strecke Düsseldorf–Hamburg eingeweiht worden. Sie verbindet die
beiden Städte innerhalb von weniger als drei Stunden.

● **Informationen aus dem Controlling:**
In den letzten drei Monaten haben die Wartungs- und Reparatur-
kosten für unsere vier Avro Regionaljets, die alle älter als acht Jahre
sind, deutlich zugenommen. Teilweise kam es auch zu kompletten
Flugausfällen. Rund 4 % Umsatzeinbußen mussten dadurch in Kauf
genommen werden, dass die Passagiere dieser Flüge auf andere
Carrier umgebucht werden mussten.
Die geplante Gründung einer Tochtergesellschaft, die speziell die
Charterflüge in die Ferienregionen in Südeuropa bedienen soll, ist im-
mer noch nicht erfolgt.

● **Informationen aus dem Bereich Operations:**
Wir könnten einen Flughafenslot am Stadtflughafen London-City im
alten Hafengelände für einen Flug pro Tag, der morgens in London
um 09.00 Uhr landet, erhalten. Der Flughafen befindet sich nur 15
Minuten vom Stadtzentrum entfernt und gilt insbesondere für
Geschäftsleute als bevorzugter Flughafen. Die Flughafengebühren
liegen noch unter den bisherigen Gebühren in Heathrow.

Gewinnmarge 01-08 auf den einzelnen Flugrouten in % vom Umsatz

Strecke/Monat	1	2	3	4	5	6	7	8
München	3	2,5	3,6	3,3	3,7	3,6	3,7	3,6
Frankfurt	4,1	4,0	4,0	4,2	3,8	2,9	2,7	3,8
Düsseldorf	4,1	4,0	3,7	3,3	2,0	1,0	0,2	0,6
London	3	2,9	1,7	0,4	-0,2	-0,4	-0,8	-0,8
Paris	3,5	3,4	2,9	4,0	4,0	4,2	5,2	4,3
Nizza	3,8	3,5	4,0	4,8	3,5	3,6	3,7	3,9
Brüssel	5,3	5,2	5,0	5,2	5,3	5,4	4,8	4,8
Rom	3,6	3,8	3,2	4,0	4,0	3,9	4,0	4,1
Wien	3,6	3,8	3,1	3,6	3,8	2,9	3,0	3,1
Madrid	3,0	2,8	4,5	4,7	5,3	5,8	5,3	7,0
Antalya	1,2	1,5	1,4	1,6	1,3	1,4	0,8	1,3
Palma de Mallorca	1,4	1,0	0,8	1,0	1,0	0,9	1,2	0,9
Las Palmas	0,7	1,0	0,8	0,7	0,3	0,7	0,6	0,7
Agadir	0,9	0,7	0,1	0,3	0,7	0,5	0,9	1,0

Ergebnisse der Kundenbefragung 08 Vorjahr und 08 laufendes Jahr
Angaben in %, Gesamtbewertung

Kriterium	August Vorjahr			August laufendes Jahr		
	zufrieden	akzeptabel	unzufrieden	zufrieden	akzeptabel	unzufrieden
Pünktlichkeit	65	25	10	23	16	51
Verpflegung	84	10	6	75	15	10
Kinderfreundlichkeit	69	15	16	80	10	10

| Bordservice | 77 | 14 | 9 | 79 | 13 | 8 |
| Zuverlässigkeit | 63 | 28 | 9 | 50 | 26 | 24 |

Bewertung auf den Flügen mit Avro Regionaljets

Kriterium	August Vorjahr			August laufendes Jahr		
	zufrie-den	akzep-tabel	unzu-frieden	zufrie-den	akzep-tabel	unzu-frieden
Pünktlichkeit	63	25	12	14	30	56
Verpflegung	84	10	6	75	15	10
Kinderfreundlich-keit	69	15	16	80	10	10
Bordservice	77	14	9	79	13	8
Zuverlässigkeit	58	27	15	33	26	41

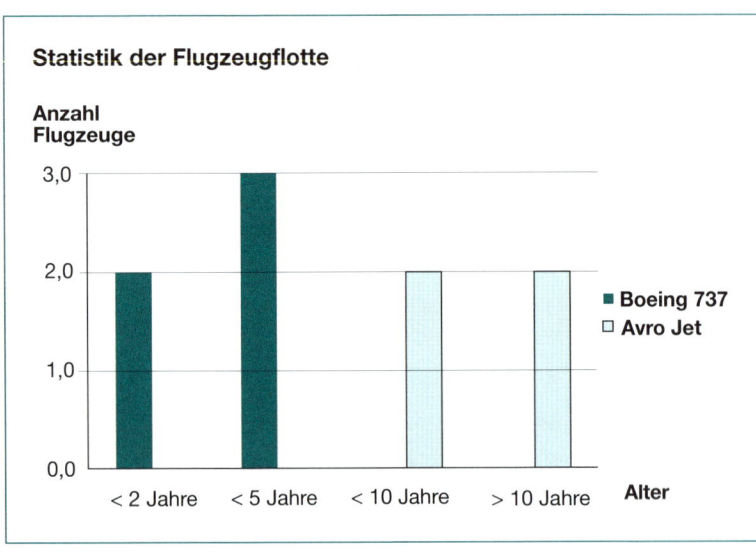

Statistik der Flugzeugflotte

Anzahl Flugzeuge

■ Boeing 737
□ Avro Jet

Bearbeitungshinweise: Zunächst sollte die Vorgehensweise für die Bearbeitung der Fallstudie in der Gruppe festgelegt werden. Zehn Minuten für die Festlegung der Vorgehensweise und die Durchsicht der Unterlagen, zwanzig Minuten für die Sammlung der Fakten und das Entwickeln von geeigneten Maßnahmen und zehn Minuten für die Erstellung der Ausarbeitung für den Vorstand ist zwar ein strammer Fahrplan. Wenn sich das Team jedoch nicht auf einen solchen Zeitrahmen einlässt, wird es schwierig werden, innerhalb der Zeitvorgabe die Aufgabe zu erfüllen.

Hier die wesentlichen Fakten, die aus den Unterlagen gewonnen und für alle sichtbar auf einem Flip-Chart festgehalten werden sollten:

- Die Auslastung sowie die Gewinnmarge ist auf den Strecken Düsseldorf und London drastisch zurückgegangen. *Ursache:* zusätzlicher Carrier nach London, ICE nach Düsseldorf.
- Die Auslastung auf der Strecke Madrid hat konstant zugenommen. *Ursache:* bisher keine Hinweise.
- Die Auslastung der Flüge in die Urlaubsregionen (Charter) ist deutlich höher als bei den Linienflügen, allerdings liegen die Gewinnmargen deutlich niedriger als bei den Linienflügen. *Ursache:* Kosten sind in Relation zu den Umsätzen zu hoch.
- Es gibt bereits Überlegungen im Unternehmen, eine Tochtergesellschaft für die Charterflüge zu gründen, sicherlich mit dem Ziel, die Kosten zu senken.
- Die Gewinnmarge wird sich auf der Strecke London in der Zukunft noch weiter verschlechtern. Ursache: Die Einnahmen aus der Frachtbeförderung entfallen, die Flughafenabfertigungsgebühren werden um 15 % steigen.
- Es gibt eine Alternative zum Flughafen Heathrow, die bei den Kunden beliebt und unter Kostengesichtspunkten zudem günstiger ist.
- Die Avro Regionaljets verursachen Flugausfälle und damit Umsatzeinbußen und werden in Pünktlichkeit und Zuverlässigkeit deutlich schlechter bewertet als die Flüge mit den Boeing 737. *Ursache:* Überalterung, Fehleranfälligkeit.

Nach dieser Faktensammlung geht es darum, Konsequenzen abzuleiten und konkrete Maßnahmen vorzuschlagen. Diese könnten
zum Beispiel so aussehen:

- Strecke Düsseldorf sollte nur noch eingeschränkt bedient oder ganz
  aufgegeben werden.
- Die Flugstrecke London ist der größte Verlustbringer. Es sollte eine
  nähere Analyse vorgenommen werden, ob mit einem Wechsel des
  Flughafens in London Marktanteile zurückgewonnen werden können.
  Die höhere Attraktivität des Stadtflughafens würde dafür sprechen.
  Ferner ist ein neuer Vertrag für Frachtgut anzustreben. Hierzu sollte
  zunächst der bisherige Spediteur über die Gründe für seinen
  Wechsel befragt werden und Gespräche mit anderen Speditionen
  aufgenommen werden.
- Die Gründung der Tochtergesellschaft für Charterflüge sollte stark
  forciert werden, um Kostenreduzierungen erzielen zu können und die
  Ertragslage bei den Urlaubsflügen zu erhöhen (neue Tarife für fliegen-
  des Personal, mehr Flexibilität).
- Die vier Avro Regionaljets sind schnellstmöglich auszutauschen, um
  weitere Flugausfälle und den zunehmenden Imageverlust zu stoppen.
  Sobald neue Flugzeuge eingesetzt werden, ist eine Imagekampagne
  zu starten.

Hier noch einige nützliche Hinweise zum Verhalten in
Fallstudien:

//Checkliste: Fallstudien

- Verabreden Sie mit Ihren Teammitgliedern zunächst eine Vorgehens-
  weise und einen Zeitplan, wie die Fallstudie bearbeitet werden soll.
- Sofern es aufgrund der Aufgabenstellung sinnvoll erscheint, sollten
  Teilaufgaben in Untergruppen bearbeitet werden.
- Visualisieren Sie alle wichtigen Informationen so, dass sie für alle

Teammitglieder sichtbar sind.

- Beachten Sie die grundlegenden Diskussionsregeln im Umgang mit anderen (vgl. hierzu Checkliste von Seite 086).
- Achten Sie darauf, dass die Schlussfolgerungen in der Argumentationskette logisch sind.
- Beziehen Sie andere Teammitglieder in den Entscheidungsprozess mit ein.
- Wird eine schriftliche Ausarbeitung gewünscht, sollte diese ansprechend und übersichtlich gestaltet sein, dafür ist ein entsprechender Zeitraum einzuplanen.
- Argumentieren Sie nicht rein wissenschaftlich und theoretisch, sondern praxisorientiert, und lassen Sie erkennen, dass Sie über entsprechende Erfahrung verfügen.
- Versuchen Sie, vermittelnd aufzutreten, wenn sich Teammitglieder an einzelnen Punkten festbeißen und damit den Prozess behindern.
- Achten Sie auf die Einhaltung der Zeitvorgabe.

//Das könnte auf Sie zukommen

Hier noch ein paar Beispiele für Aufgabenstellungen, die häufiger in Fallstudien eingesetzt werden:

- Sie sollen vor einem potenziellen Kunden eine Firmenpräsentation halten. Es steht Ihnen und Ihrer Gruppe eine Stunde zur Ausarbeitung der Präsentation zur Verfügung. Beigefügtes Informationsmaterial dient als Grundlage für die Erstellung der Präsentation.
- Ein Unternehmen steht vor der Entscheidung, ein Produkt zuzukaufen oder selbst herzustellen. Auf der Grundlage der vorliegenden Informationen soll eine Make-or-buy-Entscheidungsvorlage für den Vorstand erarbeitet werden.
- Sie sollen in der Gruppe die Marketingstrategie für eine neue Produktlinie entwickeln. Produktdaten sowie Informationen über die Zielgruppe sind zu analysieren, um daraus eine Marketingstrategie abzuleiten.

- Sie sind als Unternehmensberatung beauftragt, für Ihren Kunden eine Standortanalyse durchzuführen, wo das neue Fertigungswerk gebaut werden soll. Fünf Standorte stehen in der engeren Wahl. Ihnen liegen Informationen zur jeweiligen Infrastruktur, zu Grundstückspreisen und Subventionen vor, anhand derer Sie Ihre Empfehlung aussprechen werden.

Nach der analytischen Fallstudie, aber auch nach Rollenspielen (siehe Seite 103) sollten Sie damit rechnen, dass Sie zu einem Feedback-Gespräch aufgefordert werden. Die Aufgabenstellung könnte zum Beispiel wie folgt aussehen:

»Bitte führen Sie in Ihrer Gruppe Feedback-Gespräche über den Verlauf der Fallstudienbearbeitung durch. Ihnen steht hierfür ein Zeitrahmen von 20 Minuten zur Verfügung. Jeder Teilnehmer gibt jedem Gruppenmitglied ein Feedback und erhält auch von jedem Gruppenmitglied Feedback. In welcher Reihenfolge dies organisiert wird, bleibt Ihnen überlassen. D.h., Sie organisieren gruppenintern, dass jeder für jeden sowohl Feedback-Geber als auch Feedback-Nehmer ist.«

Hierzu sollten Sie beachten, dass für jedes Gruppenmitglied ungefähr gleich viel Zeit verwendet wird. Bitte denken Sie noch einmal an den Verlauf der Fallstudie, und zwar vor allem an das Verhalten Ihrer Feedback-Partner. Geben Sie den anderen Teilnehmern der Fallstudie bezüglich ihres Verhaltens ein Feedback und versuchen Sie dabei, auch alles das anzusprechen, was Ihnen gefallen hat, aber auch, was Ihnen nicht gefallen hat bzw. was Ihnen in Bezug auf den Gruppenprozess als problematisch erschienen ist. Sie sollten beachten, dass Sie positive und negative Aspekte gleichwertig berücksichtigen. Sie können sich dabei an folgenden Punkten orientieren:

- Beteiligung an bzw. Blockade der Problemlösung
- Führungsanspruch
- Informationsweitergabe
- Beitrag zum Gruppenprozess / soziale Kompetenz

Versuchen Sie bitte, Ihre Einschätzung in konstruktive Verbesserungsvorschläge einmünden zu lassen.

Tipps:

- Vermeiden Sie als Feedback-Nehmer eine Rechtfertigungsstrategie, versuchen Sie vielmehr, die an Sie gerichtete Rückmeldung nachzuvollziehen. Ziel der Gespräche sollte es sein, Hinweise auf persönliche Stärken und Schwächen zu geben, um Lernimpulse für zukünftiges Verhalten zu vermitteln.
- Den Einschätzungen der Teilnehmer untereinander messen die Assessoren einen hohen Stellenwert bei, insbesondere, was die soziale Kompetenz einer Person betrifft.
- Versuchen Sie, in dieser Situation möglichst sachlich zu argumentieren und sich nicht zu persönlichen Angriffen verleiten zu lassen, auch wenn dies für Sie die Chance auf »Revanche« wäre.

Letztendlich ziehen die Assessoren aus den Feedback-Gesprächen zwei Informationen:

01. die Einschätzung der Kandidaten untereinander sowie
02. das Verhalten der Teilnehmer in der Feedback-Situation. Diese ist vergleichbar mit der Dialogübung zum Konfliktgespräch (siehe Seite 071).

Rollenspiel

► Aufgabe beim Rollenspiel ist es, Ihre Interessen gegenüber anderen Teilnehmern zu vertreten und – soweit erforderlich – auch gegen Widerstände durchzusetzen. Im Unterschied zum Konfliktgespräch (Seite 070) handelt es sich nicht um einen Dialog, sondern um eine Besprechungsrunde mit mehreren Personen. In der Regel sind die Rollenvorgaben so gestaltet, dass formal alle Teilnehmer den gleichen hierarchischen Status haben. Es geht also darum, durch geschickte Argumentation und ein hohes Maß an sozialer Kompetenz die anderen Teilnehmer für sich und die eigenen Ideen zu gewinnen. Das ist allerdings nicht so ganz einfach, da die jeweiligen Rollenvorgaben Interessenkonflikte beinhalten und die einzelnen Teilnehmer nicht die Rollenanweisung der anderen kennen.

Beispiel: In der Still AG, einem Hersteller von Büromöbeln, laufen die Geschäfte derzeit nicht so erfolgreich. Damit das Betriebsergebnis nicht ganz in die roten Zahlen rutscht, müssen Budgets gekürzt werden. Die Kürzungen betragen circa 8 % des Gesamtbudgets.
    Die fünf Line-of-Business-Manager (Bürostühle, Schreibtische, Container, Aktenschränke und Assessoires) haben sich zu einem Meeting getroffen, um zu entscheiden, in welchem Bereich die Kürzungen vorgenommen werden sollen.

Keine angenehme Ausgangssituation, in der sich die Manager zu ihrem Meeting treffen. Aus Sicht des einzelnen Teilnehmers gibt es nun grundsätzlich vier verschiedene Strategien, wie hier vorgegangen werden könnte:

01. Mit allen Mitteln durchboxen, dass das eigene Budget nicht gekürzt wird.
02. Um den Konflikt zu vermeiden, anbieten, die Kürzungen selbst vorzunehmen.

03. Allianzen mit anderen bilden und einen oder zwei »Verlierer« aus-
schauen, die die Kürzungen vornehmen müssen.

04. Einen Kompromiss suchen, der für alle Beteiligten eine akzeptable
Lösung darstellt.

Zu 01. Unter dem Aspekt Durchsetzungsvermögen sicherlich eine
gute Lösung. Berücksichtigt man aber auch Kriterien wie soziale
Kompetenz, Kompromiss- und Teamfähigkeit, wird dieses Verhalten
wohl kaum gute Noten erhalten. Insgesamt ist von dieser Strategie
abzuraten.

Zu 02. Wer von vornherein sich selbst zum Verlierer abstempelt
und nicht bereit ist, seine Interessen zu vertreten, wird wohl kaum
von den Assessoren als potenzielle Führungskraft gesehen. Dieses
Verhalten dokumentiert mangelndes Durchsetzungsvermögen und
wenig Tatkraft. Wer beruflich etwas erreichen will, sollte so nicht argumentieren.

Zu 03. Diese Strategie sollte nur dann in Erwägung gezogen werden, wenn die Rollenvorgabe durch entsprechende Hinweise dies
rechtfertigen würde. Dies wäre z.B. dann der Fall, wenn nur ein
oder zwei Bereiche die schlechte wirtschaftliche Lage verursacht haben. In dieser Situation lassen sich sachliche Gründe dafür finden,
das Budget dieser Bereiche stärker zu kürzen. Ansonsten kann es
sehr gefährlich sein, einzelne Teilnehmer ins »Aus« zu stellen.
Letztendlich handelt es sich um ein Unternehmen und damit ein
Team, das gemeinsam agieren sollte.

Zu 04. Im Allgemeinen ist diese Vorgehensweise unter Berücksichtigung aller Beurteilungskriterien sicherlich die erfolgversprechendste. Dies gilt insbesondere dann, wenn es Ihnen gelingt, diese
Strategie als Ihre Idee den anderen Gruppenmitgliedern »zu verkaufen«.

Auch im realen Berufsleben werden Sie gezwungen sein, Kompromisse zu schließen und auf einen Konsens mit anderen Teammitgliedern hinzuarbeiten. Schließlich kann es ja sein, dass Sie das
nächste Mal die Unterstützung der anderen Kollegen brauchen.

Unternehmen wünschen sich deshalb »Teamplayer«, die zwar ihre Interessen innerhalb einer Gruppe vertreten können, gleichzeitig aber in der Lage sind, gemeinsam Unternehmensziele zu verfolgen. Auf einen fairen Kompromiss hinzuarbeiten ist deshalb als grundsätzliche Strategie am ehesten zu empfehlen.

Ist die Aufgabenstellung so gestaltet, dass eine Kompromisslösung aus Ihrer Sicht nicht möglich ist (z.B. es gibt fünf Kandidaten, die sich auf eine Führungsposition beworben haben, nur einer kann die Position bekommen), so sollten Sie versuchen, anhand schlagkräftiger, allgemein nachvollziehbarer Argumente den von Ihnen favorisierten Kandidaten zu unterstützen. Auch bei dieser Übung zählt nicht in erster Linie das Ergebnis, sondern der Weg dorthin, sprich, die Art und Weise, wie Sie Ihre Interessen einbringen und dabei Akzeptanz finden.

Die folgende Übung gibt Ihnen Gelegenheit, selbst in einem Rollenspiel zu agieren. Für die Durchführung des Rollenspiels haben Sie 25 Minuten zur Verfügung.

b@w   //Übung: Rollenspiel

Für die Durchführung dieser Übung brauchen Sie noch drei weitere Personen. Die vier nachfolgend abgebildeten Rollenanweisungen finden Sie auch im Internet-Workshop, so dass Sie die Anweisung für jeden Beteiligten getrennt ausdrucken können. Bitte verteilen Sie die Unterlagen so, dass jeder Teilnehmer nur seine eigene Rollenanweisung lesen kann.

Rollenanweisung 1: H. Vester

Sie sind Produktmanager bei der Revel GmbH, die auf dem Gebiet der Elektro-Kleingeräte im Haushaltsbereich zu den führenden Anbietern auf dem deutschen Markt gehört. Das Produktspektrum umfasst Küchenmaschinen, Kaffee- und Espressomaschinen, Wasserkocher und Toaster.

Sie zeichnen für das Produktsegment Toaster verantwortlich und sind sehr stolz, ein neues Produkt vorstellen zu können, das durch seine Technik, aber besonders durch sein Design Maßstäbe setzt. Es handelt sich um einen Flachbetttoaster, bei dem im Gegensatz zu bisherigen Geräten die Toastscheiben horizontal in das Gerät eingelegt werden können. Am Ende der gewünschten Toastzeit wird das Brot auf einer Schiene wieder horizontal herausgefahren, was die Gefahr, sich die Finger zu verbrennen, deutlich reduziert. Aufgrund der geänderten Technik konnten Sie auch vom Design her neue Wege gehen und ein sehr formschönes Gehäuse in einer Zweifarbkombination gestalten.

Erste Tests haben eine hohe Akzeptanz des Produktes am Markt signalisiert und Sie sind davon überzeugt, dass Sie Ihren Marktanteil mit diesem Produkt deutlich erhöhen können. Ferner erhielten Sie vom Fachverband Design gerade für Ihr Produkt die Auszeichnung »TOP-Design«, die höchste Auszeichnung für Gebrauchsgüter.

Für die bevorstehende Marketingsitzung haben Sie die Erwartung, dass man deshalb diesen Toaster, als das wichtigste Produkt, in den Mittelpunkt des Messestandes auf der Domotechnik-Messe in sechs Wochen stellen wird.

Die Marketingsitzung beginnt in fünf Minuten, an der auch Ihre Kollegen B. Wörner, Produktmanager Küchenmaschinen, J. Hauer, Produktmanager Wasserkocher, und T. Sander, Produktmanager Kaffee- und Espressomaschinen, teilnehmen werden.

Ziel der Sitzung ist es, für Ihr Produkt den größten und zentral angesiedelten Ausstellungsbereich auf dem Messestand zu erhalten.

Rollenanweisung 2: B. Wörner

Sie sind Produktmanager bei der Revel GmbH, die auf dem Gebiet der Elektrokleingeräte im Haushaltsbereich zu den führenden Anbietern auf dem deutschen Markt gehört. Das Produktspektrum umfasst Küchenmaschinen, Kaffee- und Espressomaschinen, Wasserkocher und Toaster.

Sie sind verantwortlich für das Produktprogramm Küchenmaschinen, den größten Umsatzträger im Unternehmen. Seit Jahren haben Sie diese führende Stellung inne. Dieses Jahr können Sie zwar nicht mit einem komplett neuen Gerät aufwarten, Ihr Spitzenprodukt Helpy 3 wurde jedoch weiter optimiert und ist nun auch in der Modefarbe Orange erhältlich. Beim Zubehör können Sie ferner seit diesem Jahr einen Getreidemühlenaufsatz anbieten, der insbesondere unter Naturkostliebhabern viel Anklang findet.

Für die bevorstehende Marketingsitzung haben Sie die Erwartung, dass sich wie jedes Jahr Ihre Vormachtstellung darin widerspiegelt, dass Sie die exponierteste Standfläche für Ihre Produkte auf dem Firmenstand auf der Domotechnik-Messe in sechs Wochen erhalten werden.

Die Marketingsitzung beginnt in fünf Minuten, an der auch Ihre Kollegen H. Vester, Produktmanager Toaster, J. Hauer, Produktmanager Wasserkocher, und T. Sander, Produktmanager Kaffee- und Espressomaschinen, teilnehmen werden.

Ziel der Sitzung ist es, für Ihr Produkt wieder den größten und zentral angesiedelten Ausstellungsbereich auf dem Messestand zu erhalten.

Rollenanweisung 3: J. Hauer

Sie sind Produktmanager bei der Revel GmbH, die auf dem Ge–
biet der Elektro-Kleingeräte im Haushaltsbereich zu den führenden
Anbietern auf dem deutschen Markt gehört. Das Produktspektrum
umfasst Küchenmaschinen, Kaffee- und Espressomaschinen,
Wasserkocher und Toaster.

Sie sind verantwortlich für das Produktprogramm Wasserkocher,
dem zwar kleinsten Umsatzträger, der jedoch die größten Wach-
stumsraten hat. Ihre Idee, einen elektrischen Wasserkocher mit einem
Akku auszustatten, der es erlaubt, auch unterwegs Wasser zu er-
hitzen, ist von den Kunden mit Begeisterung aufgenommen worden.
Dieses vor zwei Monaten auf dem Markt neu eingeführte Gerät mit
dem Namen Mini-Heat wird besonders von jungen Familien geschätzt,
da es ihnen das Zubereiten von Säuglingsmilch aus Instantpulver
unterwegs sehr erleichtert. Sie konnten erreichen, dass die Zeitschrift
»Baby« in diesem Monat eine ganzseitige Produktbesprechung ab-
druckte. Es zeichnet sich ab, dass Sie mit dem Mini-Heat eine völlig
neue Kundenzielgruppe ansprechen können und ein enormes
Wachstumspotential haben.

Für die bevorstehende Marketingsitzung haben Sie die Erwartung,
dass man deshalb diesen Wasserkocher als das wichtigste Produkt in
den Mittelpunkt des Messestandes auf der Domotechnik-Messe in
sechs Wochen stellen wird.

Die Marketingsitzung beginnt in fünf Minuten, an der auch Ihre
Kollegen H. Vester, Produktmanager Toaster, B. Wörner,
Produktmanager Küchenmaschinen, und T. Sander, Produktmanager
Kaffee- und Espressomaschinen, teilnehmen werden.

Ziel der Sitzung ist es, für Ihr Produkt den größten und zentral angesiedelten Ausstellungsbereich auf dem Messestand zu erhalten.

Rollenanweisung 4: T. Sander

Sie sind Produktmanager bei der Revel GmbH, die auf dem Gebiet der Elektro-Kleingeräte im Haushaltsbereich zu den führenden Anbietern auf dem deutschen Markt gehört. Das Produktspektrum umfasst Küchenmaschinen, Kaffee- und Espressomaschinen, Wasserkocher und Toaster.

Sie sind verantwortlich für den Produktbereich Kaffee- und Espressomaschinen. Mit Ihrem vor einem Jahr neu entwickelten Produkt DuoPrimo, einem Kombigerät für die Kaffee- und Espresso-zubereitung, haben Sie es geschafft, Marktführer zu werden. Ihr Produkt besticht durch die sehr gute Aufschäumungsqualität, die Sie bei der Milch erreichen. Auch Ungeübten gelingt es damit, eine sehr hohe Cappuccino-Qualität zu erzielen. Insbesondere im Bürobereich haben Sie Ihren Mitbewerbern deutliche Marktanteile abnehmen kön-nen und werden voraussichtlich dieses Jahr Ihrem Kollegen B. Wörner die Vormachtstellung als Produktmanager mit dem größten Umsatzvolumen streitig machen.

Für die bevorstehende Marketingsitzung haben Sie die Erwartung, dass man deshalb dieses Gerät als das wichtigste Produkt in den Mittelpunkt des Messestandes auf der Domotechnik-Messe in sechs Wochen stellen wird.

Die Marketingsitzung beginnt in fünf Minuten, an der auch Ihre Kollegen H. Vester, Produktmanager Toaster, B. Wörner, Produkt-manager Küchenmaschinen, und J. Hauer, Produktmanager Wasser-kocher, teilnehmen werden. Ziel der Sitzung ist es, für Ihr Produkt den größten und zentral angesiedelten Austellungsbereich auf dem Mesestand zu erhalten.

//So sollten Sie vorgehen

Da Sie als Rollenspieler nicht wissen, welche Vorgaben und Argumente Ihre Kollegen haben, sollten Sie zunächst versuchen, diese in Erfahrung zu bringen. Auch bei dieser Übung ist es vorteilhaft, in die Moderatorenrolle zu schlüpfen und den Gesprächsverlauf zu steuern. In dem hier vorgestellten Szenario kann jeder der Beteiligten gute Gründe vorbringen, warum seinem Produkt der zentrale Messeplatz zusteht. Letztendlich halten sich die Argumente jedoch weitgehend die Waage, so dass es keine offensichtliche Entscheidung für ein spezielles Produkt gibt.

B. Wörner als Produktmanager der Küchenmaschinen hat den Sonderstatus, dass er in den vergangenen Jahren immer den von allen angestrebten zentralen Messeplatz belegt hat. Aus diesem Besitzstand heraus hat er es auf der einen Seite leichter zu argumentieren, auf der anderen Seite geht es für ihn darum, diesen Status nicht zu verlieren und damit einen Gesichtsverlust zu riskieren.

> **Tipp:** Überlegen Sie sich alternative Lösungsmöglichkeiten, um für alle Beteiligten einen akzeptablen Weg aufzuzeigen.

Sicherlich kann man sich während der gesamten Besprechung auf die Frage konzentrieren, wer nun diesen zentralen Ausstellungsbereich erhält. Innovativer und im Gesamtinteresse der Firma produktiver wäre jedoch die Strategie, ein neues Messekonzept ins Gespräch zu bringen, bei dem die Ausstellungsfläche auf dem Messestand in geänderter Form gestaltet wird. Statt das Spitzenprodukt im zentralen Bereich zu plazieren, könnte man z.B. darüber nachdenken, von der Standmitte aus strahlenförmig die Produktsegmente anzuordnen, so dass jeder in der Mitte sein Spitzenprodukt präsentiert und dann wie ein Kuchenstück mit seinem Produktbereich nach außen geht. Die nachfolgende Zeichnung soll dies verdeutlichen.

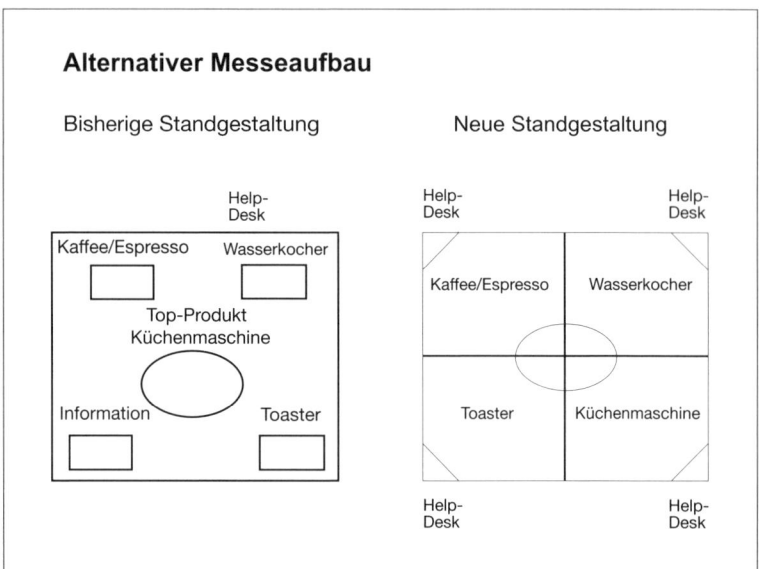

Eine weitere Möglichkeit wäre, innerhalb des Messestandes eine Sonderausstellungsfläche zu gestalten, die täglich wechselnd ein bestimmtes Produkt in den Mittelpunkt stellt und dieses durch Präsentationen und einen Moderator dem Besucher besonders nahe bringt.

Die hier vorgestellten alternativen Lösungsansätze bieten zudem den Vorteil, das Firmenimage als »Vollsortimenter« bei den Elektro-Kleingeräten im Haushaltsbereich dem Kunden noch stärker deutlich zu machen. Ebenso verhindert eine neue Standaufteilung den Gesichtsverlust von B. Wörner. Wenn er sich geschickt verhält, wird er auf diesen Kurs einschwenken und damit Kooperations- und Innovationsfähigkeit zeigen. Für die anderen Mitstreiter stellen die alternativen Lösungswege in jedem Fall eine Verbesserung gegenüber dem bisherigen Status dar, so dass Sie von dieser Seite sicherlich Unterstützung erwarten können.

Ergänzend zu den bisherigen Hinweisen noch ein paar Tipps in Form einer Checkliste.

//Checkliste: Rollenspiel

- Lesen Sie Ihre Rollenanweisung genau durch und achten Sie auch auf Informationen über Ihre Mitstreiter.
- Versuchen Sie, das Gespräch zu strukturieren.
- Verschaffen Sie sich einen Überblick über die Rollenanweisungen der Mitstreiter.
- Argumentieren Sie engagiert, aber sachlich, ohne andere persönlich anzugreifen.
- Suchen Sie – sofern möglich – nach Kompromisslösungen.
- Gehen Sie innovative Wege, um für alle Beteiligten eine akzeptable Lösung zu finden (Win-Win-Situation).
- Halten Sie die getroffenen Vereinbarungen schriftlich fest.
- Nutzen Sie Visualisierungsmedien wie Flip-Chart oder Metaplankarten.

► Assessment-Center aus verschiedenen Blickwinkeln

Je nachdem, ob Sie als Kandidat, Moderator oder Assessor ein Assessment-Center erleben, ergeben sich sehr unterschiedliche Eindrücke und Zielsetzungen. Wir wollen in diesem Kapitel die verschiedenen Blickwinkel einmal näher betrachten, mit dem Ziel, wichtige Hinweise und Tipps für das eigene Verhalten zu bekommen. Wie wird ein Assessment-Center aus Teilnehmersicht erlebt? Welchen Nutzen können Sie als Teilnehmer eines Assessment-Centers aus diesen Erfahrungen ziehen? Und wie sieht es mit den rechtlichen Aspekten aus?

Das Assessment-Center aus Sicht eines Teilnehmers

► Lassen Sie uns zunächst damit beginnen, anhand des Erfahrungsberichts von Martin Arnold ein Assessment-Center zu erleben.

//Ein Teilnehmer berichtet

Der Tag begann um 10 Uhr mit Kaffee und Keksen. Es waren ca. 20 Personen gekommen, um sich an diesem Tag einer Beurteilung zu stellen, die zu einer Einstellung führen würde oder eben nicht. Das Team aus sechs Assessoren bemühte sich, durch freundliche einleitende Worte die Anspannung zu mindern, die zweifelsohne in der Gruppe zu spüren war. Man wusste nicht, ob man sich als Leidensgenossen oder als Konkurrenten ansehen sollte. Diese Entscheidung traf wohl jeder für sich. Ich entschied mich für eine kooperative Einstellung, denn das entspricht am ehesten meinem Naturell. Und wie die Erfahrung auch diesmal wieder bestätigen sollte, erzielt man den besten Eindruck, wenn man nicht versucht, sich anders zu geben, als man ist.

Auf dem Programm standen Einzel- wie auch Partner- bzw. Gruppenübungen, in mündlicher und schriftlicher Form, wie uns das Beurteiler-Team mitteilte.

Als erste Übung sollten wir uns den Assessoren vorstellen, während der Rest der Teilnehmer in einem gesonderten Raum wartete. Es wurden 10 Minuten Vorbereitungszeit für eine 5-minütige Präsentation gewährt, bei der fünf Gliederungspunkte zu berücksichtigen waren (Mein persönliches Vorbild, Wo möchte ich in fünf Jahren stehen, Meine typischste Eigenschaft, Mein aktuelles Lebensmotto etc.). Der Vortrag ging leicht von der Hand, auch wenn die »Verhörsituation«, vor einem Gremium zu sprechen, welches jedes Wort und jede Regung minutiös zu dokumentieren schien, etwas gewöhnungsbedürftig war.

Es wurde dann in der nächsten Übung von jedem Teilnehmer verlangt, zehn Folien einer Powerpoint-Präsentation in fünf aussagekräftige »Headlines« zusammenzufassen, und das – wie fast alle anderen Übungen auch – unter Zeitdruck. Die Schwierigkeit bestand darin, überhaupt selber in der Kürze der Zeit zu verstehen, worum es in dieser Präsentation im Wesentlichen ging und dieses dann präzise zu formulieren.

Hierauf folgte eine Vierergruppen-Übung. Es galt, sich in ein Team hineinzuversetzen, welches einen neuen Mitarbeiter für ihre Abteilung einstellen sollte. Zur Beurteilung der Bewerber musste eine Liste mit 13 Kriterien (Examensnote, Persönlichkeit, Alter, Fremdsprachenkenntnisse, etc.) in eine Reihenfolge gebracht werden. Hier prallten wirklich bis zu vier verschiedene Meinungen aufeinander. Wie später im Feedback-Gespräch klar wurde, waren die Bewertungskriterien sowohl die Fähigkeit, den eigenen Standpunkt zu vertreten, als auch Kompromisse einzugehen, soweit diese vertretbar waren und dem Gruppenzusammenhalt dienten. Diese Kriterien galten auch für das anschließende

Streitgespräch über die Einführung eines E-Commerce Marketing Tools in einer fiktiven Firma. Es gelang unserer Gruppe relativ gut, innerhalb des vorgeschriebenen Zeitrahmens von 20 Minuten zu einer Einigung zu kommen. Im Gegensatz zu anderen Tests vergaß man hierbei völlig, dass man unter Beobachtung stand.

In dem bereits erwähnten Pro-und-Kontra Gespräch war die persönliche Vorbereitungsdauer 20 Minuten und bestand darin, einen 25 Seiten umfassenden Berg aus kopiertem Material zu sichten, in dem verschiedene Argumente zu beiden Positionen zusammengetragen waren, von Zeitungsartikeln über Statistiken bis zu Prognosen mehr oder weniger seriöser Institute. Hier war ganz offensichtlich die Urteilsfähigkeit gefragt. Man bekam seine Position zugeteilt und war wieder allein mit seinem Kontrahenten vor dem Gremium. Bewertet wurden sprachliche Gewandtheit, wie viele Argumente aus dem Material angeführt wurden, wobei kreative eigene Argumente auch gut ankamen, sowie vor allem das Feingefühl, sich zwischen Kooperationsbereitschaft und eigenem Standpunkt zu bewegen.

Nach der Mittagspause wurden uns schriftliche Tests vorgelegt, die Auskunft über unsere grammatischen und orthographischen Kenntnisse einerseits und das abstrakte, logische Denkvermögen andererseits geben sollten. Ersteres geschah in Form eines Zeitungsartikels, in den die Assessoren Fehler eingebaut hatten. Einige Fehler waren auch stilistischer Art, so dass man mitunter ein Verb verbessern musste, welches nicht unbedingt falsch war, aber vielleicht nicht präzise genug oder stilistisch unpassend. Das logische Denkvermögen wurde anhand von Zahlen- und Bilderreihen überprüft, die logisch fortgeführt werden mussten. Diese Tests fanden unter hohem Zeitdruck statt, die meisten Teilnehmer konnten nicht mehr als 30 bis 40 Prozent des Materials bewältigen. Dies führte zu einem gewissen Frustgefühl, mit dem man in die nächste Übung ging. Neben dem Zweck, die genannten Fähigkeiten abzufragen, hatte ich den Eindruck, dass die Tests auch deshalb durchgeführt wurden, um den Assessoren Zeit zu geben, ihre Notizen zu vervollständigen bzw. mit anderen Kandidaten Einzelgespräche zu führen. Als letzte Übung stand eine improvisierte Präsentation auf dem Programm, bei der auch der Spaß nicht zu kurz kam. In der am späten Nachmittag mittlerweile deutlich entspannteren Atmosphäre wurden Zettel gezogen mit Themen wie: »Wer war zuerst da? Das Huhn oder das Ei? Neue Erkenntnisse aus der Forschung.« Mein Thema lautete: »Wenn ich König von Deutschland wär ...« Hier waren neben Präsentationsgeschick und Rhetorik besonders Spontaneität, Improvisationsfähigkeit, Witz und eine gewinnende Persönlichkeit gefragt, was sicherlich das Gesamturteil der Assessoren bei einigen Teilnehmern deutlich positiv beeinflusste.

Herr Arnold betont, dass er in das Assessment-Center mit einer kooperativen Einstellung ging. Dies ist sicherlich eine sehr wichtige Voraussetzung, um sich natürlich zu geben und damit auch eine positive Grundhaltung zu zeigen. Insbesondere zu Beginn empfand er die Situation als sehr angespannt, heißt es doch, sich zunächst ein Bild von den anderen Teilnehmern und den Assessoren zu machen. Sobald die Übungen beginnen, legt sich jedoch dieses Gefühl, da Sie als Teilnehmer in der Regel so damit beschäftigt sind, sich auf die Aufgaben zu konzentrieren, dass keine Zeit mehr für andere Überlegungen bleibt.

Aus der Schilderung von Herrn Arnold wird deutlich, dass ihm im Rahmen des Feedback-Gespräches sehr ausführlich die Beurteilungskriterien für die einzelnen Übungen sowie die Beurteilung seiner Leistungen erläutert wurden. Diese Rückmeldung bezüglich des eigenen Verhaltens stellt eine sehr wichtige Information für Sie dar. Sie gibt Ihnen die Möglichkeit, das eigene Verhalten kritisch zu hinterfragen und ggf. Defizite, zum Beispiel durch gezielte Trainingsmaßnahmen, abzubauen.

Nachfolgend eine kurze Übersicht, welchen Nutzen Sie als Teilnehmer aus dem Assessment-Center ziehen können:

- Die eigenen Fähigkeiten können präsentiert werden.
- Beurteilung durch mehrere Personen, dadurch Erhöhung der Objektivität.

- Die Chance, sein Verhalten in verschiedenen Situationen zu zeigen und damit ein realistisches Bild der Gesamtpersönlichkeit abzugeben.
- Gelegenheit, um Verhalten in berufsrelevanten Situationen zu üben.
- Erfahrungszugewinn, wie man mit Stress in einer Assessment-Center-Situation umgeht.
- Rückmeldung bezüglich der eigenen Verhaltensweisen und damit die Möglichkeit, Stärken und Schwächen zu erkennen.
- Verringertes Risiko, eine »falsche« Stelle anzutreten.
- Direkte Vergleichbarkeit mit Mitbewerbern.
- Vergleichsmöglichkeit zwischen Tätigkeitsfeldern einer (Führungs-)-Position und den eigenen Vorstellungen dazu.

Es ist oft nicht einfach, die Rückmeldung aus einem Feedback-Gespräch vorbehaltlos aufzunehmen, insbesondere dann, wenn dabei Schwächen sehr deutlich identifiziert wurden.

> **Tipp:** Lassen Sie nach der Teilnahme an einem Assessment-Center ein paar Tage vergehen, bevor Sie mit Personen Ihres Vertrauens über die Ergebnisse sprechen.

Nehmen Sie die Rückmeldungen aus dem Assessment-Center durchaus ernst, aber relativieren sie diese durch Einschätzungen von Menschen, die Sie über einen längeren Zeitraum kennen. Die Ergebnisse aus einem Assessment-Center stellen immer nur eine Momentaufnahme Ihres Verhaltens dar, und das in einer Prüfungssituation. Sie sind kein unwiderrufliches Urteil über die Fähigkeiten eines Menschen, geschweige denn über seinen Charakter, und können im Hinblick auf Prognosen durchaus falsch sein. Hatten Sie einen schlechten Tag? Fühlten Sie sich nicht wohl? Wurden Sie durch andere Teilnehmer provoziert oder in die Ecke getrieben? Haben Sie eine Aufgabe schlichtweg falsch verstanden? Dies alles sind Faktoren, die zu einer Verfälschung beitragen können.

Sofern es sich um ein Einstell-Assessment-Center handelte, haben Sie in der Regel keine Chance, eine Absage auf der Grundlage der Assessment-Center-Ergebnisse durch weitere Gespräche nochmals zu revidieren. Bei einem Entwicklungs-Assessment-Center sollten Sie allerdings Wert darauf legen, dass Sie mögliche Faktoren, die Ihr Verhalten im Assessment-Center negativ beeinflusst haben, schriftlich festhalten können. Hier kann das vertrauensvolle Gespräch mit dem Vorgesetzten oder der Personalabteilung sinnvoll sein, mit dem Ziel, nach einem vereinbarten Zeitraum nochmals an einem Assessment-Center teilnehmen zu können.

Rechtliche Aspekte des Assessment-Centers

► Es macht sich sicherlich nicht besonders gut, wenn Sie mit dem Gesetzbuch in der Hand zum Assessment-Center anreisen, dennoch ist es ganz einfach hilfreich, ein wenig über Ihre Rechte, aber auch Pflichten im Zusammenhang mit der Teilnahme an einem Assessment-Center Bescheid zu wissen.

Birgit Gatz, Juristin mit langjähriger Erfahrung in der Durchführung von Assessment-Centern, beleuchtet für uns einige wichtige Aspekte.

Unter juristischen Gesichtspunkten ist im Zusammenhang mit einem Assessment-Center zunächst von Bedeutung, zu welchem Zweck das Assessment-Center eingesetzt wird. Unterschieden wird zwischen Auswahl-Assessment-Centern zur Neueinstellung von externen Bewerbern und internen Entwicklungs-Assessment-Centern bzw. Auswahl-Assessment-Centern.

Bei der Neueinstellung stehen Bewerber und Arbeitgeber noch nicht in einem vertraglich festgelegten Arbeitsverhältnis, sondern befinden sich erst auf dem Weg dorthin. Es besteht ein so genanntes »vorvertragliches Schuldverhältnis«, das beide Beteiligten zur verkehrsüblichen

Sorgfalt verpflichtet. Dies bedeutet konkret: Bewerber und Arbeitgeber müssen einander über Tatsachen aufklären, die jeweils für den Entschluss des anderen Gewicht haben. Hierzu zählt z.b., dass das Unternehmen verpflichtet ist, vollständig und umfassend über das Auswahlinstrument Assessment-Center aufzuklären und auch die Kosten für die Anreise und Teilnahme am Assessment-Center zu tragen hat. Als Bewerber können Schadenersatzansprüche auf Sie zukommen, wenn Sie dem Unternehmen vortäuschen, an einem Arbeitsvertrag interessiert zu sein, in Wirklichkeit aber nur in den kostenlosen Genuss der Teilnahme am Assessment-Center kommen möchten. Dies wäre z.B. der Fall, wenn Sie bereits anderweitig einen Vertrag unterschrieben haben.

Wird das Assessment-Center als Personalauswahl und Personalentwicklungsinstrument bei einem schon bestehenden Arbeitsverhältnis eingesetzt, ist das Unternehmen ebenfalls verpflichtet, seinen Mitarbeiter umfassend über das Verfahren zu informieren. Als interner Assessment-Center-Teilnehmer haben Sie Anspruch auf Arbeitsbefreiung und gegebenenfalls Erstattung der Reise- und Übernachtungskosten.

Sofern das Assessment-Center psychologische Tests umfasst, dürfen diese nur von Fachpsychologen durchgeführt werden und bedürfen der ausdrücklichen Zustimmung des Kandidaten.

Wie in jedem Vorstellungsgespräch, so sind auch im Einzelinterview als möglichem Bestandteil eines Assessment-Centers nur zulässige Fragen wahrheitsgemäß zu beantworten. Die Frage nach einer Parteizugehörigkeit zum Beispiel darf demnach von Ihnen falsch beantwortet werden, ohne dass Sie rechtliche Konsequenzen befürchten müssten.

Der Veranstalter eines Assessment-Centers ist verpflichtet, zum Abschluss umfassend über die gewonnenen Eindrücke und Ergebnisse zu unterrichten, und zwar in Form eines Einzelgesprächs. Sie können also auf dieses Gespräch bestehen, ganz gleich, zu welcher Entscheidung das Verfahren geführt hat.

Aus der Teilnahme an einem Assessment-Center leiten sich keinerlei Ansprüche wie z.B. das Recht auf einen konkreten Arbeitsplatz oder die Teilnahme an einer Weiterbildungsmaßnahme ab. Ferner besteht für Sie als Teilnehmer keine Verpflichtung, ein Vertragsangebot anzunehmen.

Die Teilnahme am Assessment-Center-Verfahren ist für externe Kandidaten wie auch für Mitarbeiter eines Unternehmens freiwillig, es liegt aber in der unternehmerischen Handlungsfreiheit und damit im Ermessen des Arbeitgebers, die Teilnahme als Voraussetzung für die Stellenbesetzung zu fordern. Dies bedeutet, dass die Weigerung, an einem Assessment-Center teilzunehmen, mit der Konsequenz verbunden sein kann, aus dem Kreis der potenziellen Kandidaten ausgeschlossen zu werden.

Für die Durchführung des Assessment-Centers hat der Arbeitgeber in jeder Phase des Verfahrens das Gebot der Fairness und der Gleichbehandlung zu beachten. Er kann demnach z.B. nicht einzelnen Kandidaten unterschiedlich schwierige Aufgaben stellen und dann alle nach einem einheitlichen Schema bewerten.

Im Rahmen des Betriebsverfassungsgesetzes hat der Betriebsrat ein bedeutsames Mitbestimmungsrecht, wenn es um Richtlinien über die personelle Auswahl bei Einstellungen und Versetzungen geht. Hierzu zählt auch die Durchführung von Assessment-Centern, die in der Regel als Auswahlrichtlinie in einer zwischen Unternehmensleitung und Betriebsrat ausgehandelten Betriebsvereinbarung festgeschrieben wird.

Birgit Gatz, Rechtsanwältin
Anwaltskanzlei Petra Braunstein und Kollegen, Landshut
www.kanzlei-braunstein.de

► Weiterentwicklung und Modifikationen von Assessment-Centern

Assessment-Center wurden in den letzten Jahren schon oft totgesagt. Sieht man sich jedoch in der betrieblichen Praxis um, ist sogar ein verstärkter Einsatz festzustellen. Besonders deutlich ist eine zunehmende Individualisierung erkennbar. Wurden früher Assessment-Center von der Stange gekauft und unverändert im Unternehmen eingesetzt, so werden diese heute wesentlich stärker an die jeweiligen betrieblichen Bedürfnisse angepasst und ständig weiterentwickelt. Nachfolgend stellen wir Ihnen die wesentlichsten Trends und Weiterentwicklungen auf dem Gebiet der Assessment-Center vor.

Strukturvernetztes Assessment-Center

► Das klassische Assessment-Center besteht aus einzelnen Übungen, die nicht miteinander verknüpft sind. Bei Assessment-Centern, die speziell für ein Unternehmen konzipiert worden sind, versucht man dagegen, die Aufgaben in enger Anlehnung an die Praxis zu stellen und sie dann miteinander zu verknüpfen.

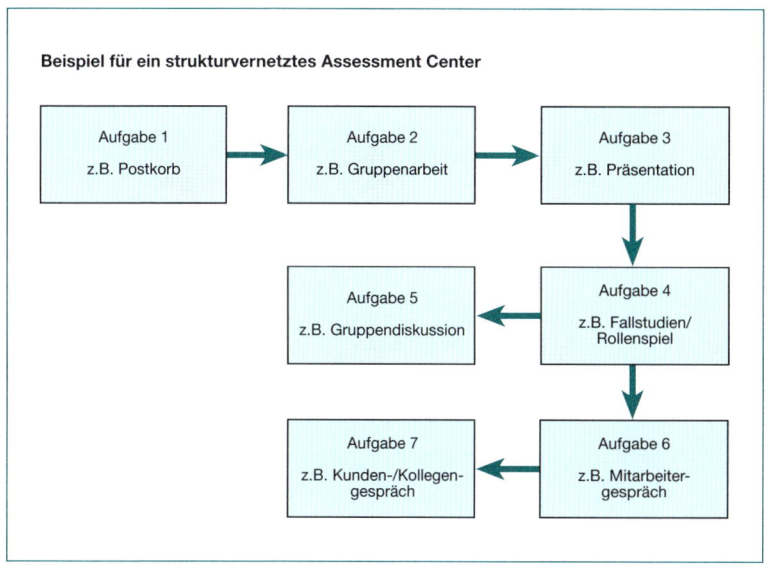

Beispiel für ein strukturvernetztes Assessment Center

Aufgabe 1
z.B. Postkorb

Aufgabe 2
z.B. Gruppenarbeit

Aufgabe 3
z.B. Präsentation

Aufgabe 5
z.B. Gruppendiskussion

Aufgabe 4
z.B. Fallstudien/
Rollenspiel

Aufgabe 7
z.B. Kunden-/Kollegen-
gespräch

Aufgabe 6
z.B. Mitarbeiter-
gespräch

Wichtig beim vernetzten oder verknüpften Assessment-Center ist, dass die Teilnehmer bei jeder neuen Übung wieder die gleichen Chancen haben. D.h., sofern ein Teilnehmer bei der vorherigen Übung nicht so gut abgeschlossen hat, darf ihm daraus für die folgende Übung kein Nachteil entstehen. Dies kann dadurch erreicht werden, dass allen Teilnehmern die gleichen Informationen nochmals zur Verfügung gestellt werden. Der Kandidat taucht während des gesamten Assessment-Centers in eine bestimmte Funktion innerhalb eines Unternehmens ein und bearbeitet die einzelnen Übungen wie z.B. Diskussion, Postkorb, Präsentation mit dem vorhandenen Wissen aus den Vorübungen. Durch die Verknüpfung der verschiedenen Übungen zu einer Gesamtaufgabe kann nicht nur das Verhalten in den Einzelübungen beurteilt werden. Als zusätzlicher Aspekt kommt das vernetzte, strategische Denken, bei dem die getroffenen Entscheidungen Einfluss auf die Ausgangsbedingungen des weiteren Assessment-Centers haben, als Beurteilungsmöglichkeit hinzu. Der Realitätsbezug lässt sich auf diese Art sicherlich erhöhen, Voraussetzung ist allerdings, dass die vorgegebene

Gesamtsituation den jeweiligen unternehmensspezifischen Gegebenheiten und der tatsächlich angestrebten Position weitgehend entspricht.

//Was ist aus Sicht des Kandidaten in einem solchen Assessment-Center besonders zu beachten?

Die Anforderung an die Belastbarkeit und das Konzentrationsvermögen eines Kandidaten ist sicherlich in einem solchen Assessment-Center noch ausgeprägter. Es gilt, Wissen aus vorausgegangenen Übungen zu berücksichtigen und in die Entscheidungen zu integrieren.

> **Tipp:** Sofern zulässig und möglich, sollten Sie sich Notizen machen, was die wesentlichen Aspekte und erarbeiteten Ergebnisse der Übungen waren. In einer späteren Phase des Assessment-Centers sind sie dann schnell wieder verfügbar.

Aus Sicht der Kandidaten machen strukturvernetzte Assessment-Center eher mehr Spaß, ermöglichen sie doch ein tieferes Eintauchen in eine Gesamtsituation. Die Teilnehmer identifizieren sich meist sehr stark mit ihrer Rolle, in die sie für ein bis zwei Tage schlüpfen. Schwierig wird es dann, wenn es Ihnen schwer fällt, in die betreffende Position einzutauchen und darin auch überzeugend zu handeln. Bei einem guten Assessment-Center, bei dem sich die beschriebene Funktion und das tatsächliche Aufgabenspektrum in der Praxis gut decken, kann dies für Sie ein Zeichen sein, dass die vermeintlich angestrebte Position vielleicht doch nicht unbedingt Ihren Wünschen und Vorstellungen entspricht.

Cross Cultural Assessment-Center

► Die Welt, insbesondere die wirtschaftliche Welt, wächst immer stärker zusammen. Dies bedeutet, dass auch die Zusammenarbeit zwischen Menschen unterschiedlicher Kulturen und Sprachen weiter zunehmen wird. Viele Geschäftsabschlüsse sind schon oft daran gescheitert, dass Menschen aufgrund der nicht vorhandenen Sensibilität für andere Kulturen und Sitten so richtig in das Fettnäpfchen getreten sind und unüberwindbare Barrieren geschaffen haben. Vor diesem Hintergrund wurden Cross Cultural Assessment-Center entwickelt. Bei dieser Internationalisierung des Assessment-Centers treten interkulturelle Kompetenzen verstärkt in den Vordergrund, was sich in der Auswahl der Kandidaten (Teilnehmer aus verschiedenen Ländern und Kulturen) und der Ausrichtung der Übungen niederschlägt. Diese Form des Assessment-Centers kommt in erster Linie zur Auswahl von Führungskräften für den Auslandseinsatz zur Anwendung. Oftmals werden Teile eines solchen Assessment-Centers auch in einer Fremdsprache durchgeführt.

//Was ist aus Sicht des Kandidaten in einem solchen Assessment-Center besonders zu beachten?

Sensibilität für kulturelle Besonderheiten, ein besonders ausgeprägtes Einfühlungsvermögen und nicht zuletzt sehr gute Fremdsprachenkenntnisse stellen die Grundlage für den Erfolg in einem solchen Assessment-Center dar. Dies bedeutet, möglichst viel Literatur aus den betreffenden Kulturkreisen zu lesen und Kontakt zu ausländischen Menschen zu suchen und zu pflegen.

PC-gestütztes Assessment-Center

► Auch vor dem Assessment-Center macht der Einsatz der Computertechnologie nicht Halt. Mittlerweile werden Übungen wie der Postkorb nicht mehr ausschließlich mit Papier und Bleistift, sondern auch am PC durchgeführt. Dies bietet insbesondere bei der Auswertung entscheidende Vorteile in puncto Zeit und Transparenz.

Für den Teilnehmer heben sich die Vor- und Nachteile weitgehend auf. Bietet der PC einerseits einen schnelleren Zugriff auf bestimmte Daten, fällt es auf der anderen Seite schwer, mehrere Informationen gleichzeitig verfügbar zu haben. Es hängt also vorwiegend von der persönlichen Präferenz ab, welche Version dem Bearbeiter leichter fällt.

Der Einsatz des PCs bietet aber auch die Möglichkeit, ganz neue Übungen in das Assessment-Center aufzunehmen. Computersimulationen oder Unternehmensplanspiele, bei denen ganze Szenarien aufgebaut werden und getroffene Entscheidungen direkt den weiteren Spielverlauf beeinflussen, stellen eine solche Weiterentwicklung dar.

Eine andere Neuerung sind Übungen, die in Form von Bewerberspielen via Internet zur Bearbeitung angeboten werden. Letztendlich dient diese Form der Vorauswahl von Bewerbern. Die Übungen werden zum Teil unternehmensübergreifend zum Beispiel von der Firma Cyquest (www.cyquest.de) angeboten oder aber firmenspezifisch auf der Homepage des jeweiligen Unternehmens.

//Was ist aus Sicht des Kandidaten in einem solchen Assessment-Center besonders zu beachten?

Belastbarkeit, der sichere Umgang mit dem PC, aber auch die Fähigkeit, strategisch und in Zusammenhängen zu denken, stellen die speziellen Anforderungen bei diesen Übungen dar. Daher ist es be-

sonders wichtig, getroffene Entscheidungen aus der Vergangenheit bei
der weiteren Bearbeitung zu berücksichtigen.

Recruitment Workshops

► Insbesondere bei der Rekrutierung von Führungsnachwuchskräften sind firmen- und branchenspezifische Recruitment Workshops richtungsweisend. Bei der firmenspezifischen Variante kommen Vertreter des Unternehmens und vorselektierte Kandidaten
zusammen, um festzustellen, ob die gegenseitigen Erwartungen
und Anforderungen zur Deckung gebracht werden können. Firmen-
spezifische Recruitment Workshops stellen die Plattform für eine
Mischung aus Kandidatenübungen (Assessment-Center-Aufgaben-
stellungen), firmenseitigen Präsentationen und gemeinsamen
Diskussionen mit Firmenvertretern dar, die jeweils auf das einzelne
Unternehmen zugeschnitten ist. Eine derartige Veranstaltung findet
in der Regel bei den Kandidaten eine höhere Akzeptanz als das klassische Assessment-Center. An die Stelle der einseitigen Beurteilung
durch die Assessoren tritt vielmehr ein gegenseitiges Sich-Be-
schnuppern und das Gefühl, als gleichberechtigter Partner gesehen
zu werden. Gerade auf der Suche nach hochkarätigen Spitzenkräften
greifen Unternehmen verstärkt auf diese Variante zurück.

Aus Sicht der Unternehmen spricht für dieses Verfahren die hohe Qualität der Kandidaten sowie die erhöhte Sicherheit, dass auch
die Entscheidung des Kandidaten auf einer soliden Informationsbasis steht, was die Wahrscheinlichkeit eines erfolgreichen Karriere-
starts im Unternehmen erhöht. Darüber hinaus kann das Unternehmen im Rahmen des Personalmarketings Rückschlüsse auf die
Unternehmensphilosophie und die Unternehmenswerte vermitteln,
die einen partnerschaftlichen Umgang miteinander dokumentieren.

//Es geht auch überbetrieblich

Branchenspezifische Rekrutierungsworkshops werden in der Regel von kommerziellen Anbietern organisiert und in einem größeren Rahmen durchgeführt. Zehn bis 15 Unternehmen treffen in einer zweitägigen Veranstaltung mit vorselektierten Bewerbern zusammen. Als Kandidat haben Sie die Möglichkeit, Kontakt zu mehreren Unternehmen zu bekommen und sich im Rahmen von Übungen (Diskussionen, Gruppenarbeiten) vor den Firmenvertretern zu präsentieren. Daneben finden Firmenvorträge und Einzelinterviews statt. Auch hier steht das gegenseitige Kennenlernen im Vordergrund, wobei im Vergleich zu den firmenspezifischen Veranstaltungen der Kontakt zu einzelnen Unternehmen aufgrund der Größe der Veranstaltung nicht so intensiv sein kann.

> **Tipp:** Seien Sie sich darüber im Klaren, dass trotz der lockeren Atmosphäre, die eine solche Veranstaltung vermitteln mag, Sie dennoch in einer Prüfungssituation stehen. Die Beurteilung der Übungen unterliegt in der Regel den gleichen Kriterien wie bei dem klassischen Assessment-Center.

Einzel-Assessment-Center

► Das klassische Assessment-Center stellt ein Gruppenverfahren dar, an dem mehrere Kandidaten zusammen teilnehmen und teilweise gemeinsam Übungen bearbeiten. Im Gegensatz dazu haben sich so genannte Einzel-Assessment-Center insbesondere für die Beurteilung im oberen Führungskräftebereich verstärkt etabliert, da bei dieser Zielgruppe die Bereitschaft, an einem Gruppenverfahren teilzunehmen, als sehr gering angesehen werden kann. Daneben bietet sich diese Variante des Assessment-Centers an, wenn nur einzelne Kandidaten beurteilt werden sollen.

Beim Einzel-Assessment-Center stehen Sie als Kandidat meist zwei Beurteilern gegenüber. Sehr häufig setzt sich das Beurteilerteam aus einem Firmenvertreter und einem Personalberater, der gleichzeitig auch als Moderator fungiert, zusammen. Bei den Aufgabenstellungen liegt ein Schwerpunkt im Bereich der Einzelübungen, wie Postkorb, Präsentation oder Fallstudien. Sofern Partnerübungen, zum Beispiel Mitarbeitergespräche, Bestandteil des Assessment-Centers sind, werden als Gesprächspartner neutrale Personen hinzugezogen, die ansonsten nicht am Verfahren beteiligt sind und mit einer Rollenvorgabe betraut werden, oder der Moderator übernimmt diese Rolle.

Einzel-Assessment-Center dauern in der Regel nur einen Tag, sind jedoch für alle Beteiligten sehr anstrengend, da so gut wie keine Erholungszeit besteht.

Persönlichkeitstests in Form von Fragebogen sind sehr häufig Bestandteil eines Einzel-Assessment-Centers, da gerade im Führungskräftebereich diesbezüglich erhöhte Anforderungen bestehen.

Management Appraisals

► Management Appraisals, häufig auch Management Audits genannt, kommen insbesondere infolge der fortschreitenden Tendenz zu Fusionen und Firmenübernahmen bei der Stellenbesetzung verstärkt zum Einsatz. Hier steht die Frage im Mittelpunkt: Welcher der Kandidaten wird sich in der neuen Firmenkonstellation erfolgreicher zurechtfinden? Das grundlegende Prinzip stellt eine so genannte 360-Grad-Beurteilung dar. Hierunter versteht man die Einschätzung eines Mitarbeiters aus unterschiedlichen Blickwinkeln: Wie wird er aus Sicht des Vorgesetzten, der Mitarbeiter, der Kollegen sowie der Kunden beurteilt? Anhand von Fragebogen oder individuellen Interviews wird ein Gesamtbild der zu beurteilenden Person erstellt, das durch einen Fragebogen zur Selbsteinschätzung sowie direkte Gespräche mit dem Kandidaten ergänzt wird. Im Mittelpunkt dieser Betrachtung steht der Wunsch, die Mitarbeiter in ihrer Gesamtpersönlichkeit kennen zu lernen und Aussagen darüber zu erhalten, wie sie von ihrem Arbeitsumfeld eingeschätzt werden. Es werden dabei Kriterien wie Führungsqualität, Kommunikationsfähigkeit, Teamverhalten, unternehmerisches Denken und Handeln sowie Innovationsfähigkeit hinterfragt.

Im Gegensatz zum klassischen Assessment-Center stellt das Management Appraisal keine Momentbetrachtung auf der Grundlage von Übungen dar. Es ist vielmehr eine rückwärtige Betrachtung anhand real erlebter Eindrücke aus dem beruflichen Alltag. Daher ist das Management Appraisal zunehmend auch in Kombination mit Assessment-Center-Verfahren anzutreffen, um die Vorhersagequalität noch zu erhöhen.

//Was ist aus Sicht des Kandidaten in einem solchen Management Appraisal besonders zu beachten?

Achten Sie besonders bei der Selbstbeurteilung darauf, ein realistisches Bild über sich selbst abzugeben. Eine realistische Selbsteinschätzung, die sich mit den Aussagen von Vorgesetzten, Kollegen und Mitarbeitern weitgehend deckt, stellt ein wichtiges Persönlichkeitsmerkmal dar.

Versuchen Sie in dem sich anschließenden Feedback-Gespräch, bei dem Ihnen die Fremdeinschätzung präsentiert wird, nicht zu argumentieren oder sich zu rechtfertigen. Nehmen Sie diese Rückmeldung auf und versuchen Sie für sich wichtige Erkenntnisse daraus zu ziehen.

► **Zum Abschluss**

Nach der Lektüre dieses Buches haben Sie einen klaren Vorteil:
Das Assessment-Center ist für Sie keine magische »Black Box«
mehr, auf die Sie mit Angst und Unsicherheit zugehen müssen. Je
intensiver Sie sich mit den Aufgabenstellungen beschäftigen und
diese auch üben, umso sicherer und gelassener werden Sie in das
Assessment-Center gehen.

Ganz gleich, ob Ihnen das Assessment-Center zu Ihrem
Traumjob verhilft oder die angestrebte Position zunächst noch ver-
wehrt bleibt: Die Erkenntnisse und das Feedback aus dem
Assessment-Center sind immer ein Gewinn im Hinblick auf Ihre
weitere berufliche und persönliche Entwicklung. Denn je höher Sie
in der Hierarchie steigen, umso wertvoller wird ein offenes und un-
voreingenommenes Feedback, da Sie es im beruflichen Arbeitsalltag
immer seltener bekommen werden. Nutzen Sie die Chance, die
Ihnen das Assessment-Center in jedem Fall bietet, und gehen Sie
mit einer positiven Einstellung an die Sache heran. Auch wenn es
Ihnen nicht bewusst ist, Ihre Beurteiler werden es spüren, ob Sie
sich offen und zuversichtlich dieser Herausforderung stellen oder es
als ein ungeliebtes Übel betrachten.

In diesem Sinne wünschen wir Ihnen viel Erfolg und auch das
notwendige Quäntchen Glück bei dem bevorstehenden Assessment-
Center und freuen uns über Ihre Erfahrungsberichte bzw. Anregungen und Hinweise.

Gerne stehen wir für Ihre Fragen, Ideen und Meinungen zur
Verfügung:

Doris und Frank Brenner

Auflösung der Übungen

Intelligenztests Seite **052**

Aufgabe **1**

1) 19, 2) 14, 3) 14,5, 4) 88, 5) 49

Aufgabe **2**

1) c, 2) a, 3) d, 4) b, 5) a

Aufgabe **3**

1) Dennis, 2) keine eindeutige Lösung, 3) a, 4) b, 5) e

Aufgabe **4**

1. Zeile: e
2. Zeile: b
3. Zeile: f

Ziel der Gruppenübung ist es, gemeinsam das Flugzeug zusammenzubauen.

30 Minuten später

Assessment-Center-Training

Wenn Sie sich noch intensiver vorbereiten wollen: Neben den Übungen im Buch biete ich Ihnen auch ein persönliches Training für die einzelnen Assessment-Center-Übungen an.

Schildern Sie mir per E-Mail kurz Ihre Situation, ich mache Ihnen ein auf Ihre Bedürfnisse zugeschnittenes Angebot.

Assessment-Center als Auswahlinstrument oder zur Potenzialanalyse sind ein Teil meines Angebotsspektrums:

Coaching und Karriereberatung

- Realistische Standortbestimmung
- Bewertung der Entwicklungsmöglichkeiten in der derzeitigen Position
- Analyse der persönlichen Arbeitsmarktchancen
- Erarbeitung einer persönlichen Karrierestrategie
- Beratung und konkrete Unterstützung im Rahmen des Bewerbungsprozesses (Profilerarbeitung, Selbstpräsentation, Vorbereitung auf Vorstellungsgespräche)
- Coaching bei der beruflichen Konfliktbewältigung und bei Veränderungsprozessen

Gerne sende ich Ihnen meine Angebotsübersicht.
Ich freue mich auf den Kontakt mit Ihnen.

Doris Brenner
Dipl.-Betriebswirtin (BA)
Personalentwicklung – Training – Coaching
Tel: 06074/862444 Fax: 06074/862447
E-Mail: doris.brenner@t-online.de
www.karriereabc.de

Anzeige

GABAL: Ihr „Netzwerk Lernen" – ein Leben lang

Ihr Gabal-Verlag bietet Ihnen Medien für das persönliche Wachstum und Sicherung der Zukunftsfähigkeit von Personen und Organisationen. „GABAL" gibt es auch als Netzwerk für Austausch, Entwicklung und eigene Weiterbildung, unabhängig von den in Training und Beratung eingesetzten Methoden: GABAL, die **G**esellschaft zur Förderung **An**wendungsorientierter **B**etriebswirtschaft und **A**ktiver **L**ehrmethoden in Hochschule und Praxis e.V. wurde 1976 von Praktikern aus Wirtschaft und Fachhochschule gegründet. Der Gabal-Verlag ist aus dem Verband heraus entstanden. Annähernd 1.000 Trainer und Berater sowie Verantwortliche aus der Personalentwicklung sind derzeit Mitglied.

Die Mitgliedschaft gibt es quasi ab 0 Euro!
Aktive Mitglieder holen sich den Jahresbeitrag über geldwerte Vorteil zu mehr als 100% zurück: Medien-Gutschein und Gratis-Abos, Vorteils-Eintritt bei Veranstaltungen und Fachmessen. **Hier treffen Sie Gleichgesinnte, wann, wo und wie Sie möchten:**

* Internet: Aktuelle Themen der Weiterbildung im Überblick, wichtige Termine immer greifbar, Thesen-Papiere und gesichertes Know-how inform von White-papers gratis abrufen
* Regionalgruppe: auch ganz in Ihrer Nähe finden Treffen und Veranstaltungen von GABAL statt – Menschen und Methoden in Aktion kennen lernen
* Jahres-Symposium: Schnuppern Sie die legendäre „GABAL-Atmosphäre" und diskutieren Sie auch mit „Größen" und „Trendsettern" der Branche.

Über Veröffentlichungen auf der Website (Links, White-papers) steigen Mitglieder „im Ansehen" der Internet-Suchmaschinen.
Neugierig geworden? Informieren Sie sich am besten gleich!

Lernen Sie das Netzwerk Lernen unverbindlich kennen.
Die aktuellen Termine und Themen finden Sie im Web unter **www.gabal.de**.
E-Mail: info@gabal.de.

Telefonisch erreichen Sie uns per 06132.509 50-90.

„Es ist viel passiert, seit Gründung von GABAL: Was 1976 als Paukenschlag begann, ... wirkt weit in die Bildungs-Branche hinein: Nachhaltig Wissen und Können für künftiges Wirken schaffen ..."
(Prof. Dr. Hardy Wagner, Gründer GABAL e.V.)